如何成为一个有趣的人

"成为有趣的人"是一项技术活儿

中国华侨出版社

·北京·

图书在版编目（CIP）数据

如何成为一个有趣的人 / 墨非著. 一 北京：中国
华侨出版社，2021.2
ISBN 978-7-5113-8294-8

Ⅰ. ①如… Ⅱ. ①墨… Ⅲ. ①人生哲学－通俗读物
Ⅳ. ①B821－49

中国版本图书馆 CIP 数据核字（2020）第 132829 号

● 如何成为一个有趣的人

著　　者 / 墨　非
责任编辑 / 刘雪涛
责任校对 / 孙　丽
封面设计 / 环球设计
经　　销 / 新华书店
开　　本 / 670 毫米×960 毫米 1/16　印张 /15　　字数 /180 千字
印　　刷 / 香河利华文化发展有限公司
版　　次 / 2021 年 2 月第 1 版　2021 年 2 月第 1 次印刷
书　　号 / ISBN 978-7-5113-8294-8
定　　价 / 45.00 元

中国华侨出版社　北京市朝阳区西坝河东里 77 号楼底商 5 号　邮编：100028
法律顾问：陈鹰律师事务所　　　　编辑部：(010) 64443056　　64443979
发行部：(010) 64443051　　　　传　真：(010) 64439708
网　址：www.oveaschin.com　　　E-mail：oveaschin@sina.com

前言

　　在现代社会，说一个人"有趣"，是对其最大的评价。因为有趣之人，对生活都抱有大爱。有时候，即便是身处逆境，他们也能够过得兴致盎然；即便眼前满是"苟且"，他们也总能找到诗和远方。同时，有趣之人，是有着大胸怀，深藏大智慧的人。他们语言幽默，勇敢地坦露自己，体恤别人；处于下风时，懂得自嘲释怀，位于上风时，善于包容和谅解。他们会从平淡的日子中咂摸出趣味，从庸常的生活中过出"诗意"来。当然，这离不开对生活的敏锐洞察，对人情世故的深刻洞悉，对知识阅历的深厚积淀。有趣者，即便是一个人，也会活得像一支队伍，让自己的心灵充实丰盈，永远不气馁，有召唤，爱自由。一个有趣者，能将油盐酱醋也能变得妙趣横生，无论在怎样的环境中，都能将日子过得精彩绝伦。可以说，有趣的生活，在哪里都充满了诗意。

　　梁启超说："我是个主张趣味主义的人。我以为凡人必须常常生活于趣味之中，生活才有价值；你若总是哭丧着张脸挨过几十年，那么，生活便会变成沙漠，要他何用。"朱光潜先生说："我生平不怕呆人，也不怕聪明过度的人，只是对着没有趣味的人，要勉强同他说应酬话，真是觉得苦也。你对着有趣味的人，你并不必多谈话，只是默然相对，心领神会，便可觉得朋友中间的无上至乐。"生活中，可能我们也有这样的体会：跟有趣的人在一起，时时刻刻都能感到幸福和愉悦；而跟无趣的人在一起，每分每秒都备受煎熬。为此，无趣的人，处处不受人待见，无趣者的生活，处处充满枯燥和单调，常常遍布荆棘；而有趣者，处处受人欢迎，有趣者的生活，在哪里都能充满诗意。所以，不如行动起来，从明天起，做一个有趣的人。

有趣的灵魂应该属于一个对生活饱含巨大热情与感动的人。他应有能力让自己感到幸福且充实自己的生活，感到工作的愉悦，这是其一。其二，他要有一种能让自己身心获得放松的兴趣和爱好，并且专注于此，陶冶情操。其三，他应该持续不断地进行输入和输出，乐于分享自己，勤于充实自己。

在现实生活中，不是所有人都是那么无趣，只是他们在惯性的生活中，将自己变成了一个无趣者。比如每天朝九晚五的生活，两点一线，周而复始，就连聚会时的娱乐也成了固定的模式：吃饭、唱歌、看电影等。多数人的无趣是因为对当下的生活丧失了情趣，丧失了发现美的眼睛，丧失了孩童般的好奇心和探索未知的勇气。为此，从现在开始，改变你看世界的角度，充实你的生活，丰富你的灵魂，开启你的好奇心，鼓足你的勇气，努力探索和发现生活的美，让沉闷的生活变得热气腾腾起来，去注重仪式感，去变得靠谱，去守住自己的童心，去拥有一个有趣的灵魂，做一个处处受人欢迎的有趣的人吧！

目 录

69 第三章
有趣的前提是"知趣"：懂分寸者才能被人接纳

3

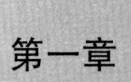

第一章

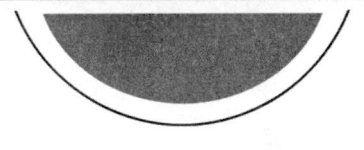

人缘差、不招人待见，
缘于个性太无趣

一位作家说："对平庸的人来说，平平淡淡不是真，而是真没劲；对生活寡淡的人来说，你可能有深度，却没有温度。"当一个人生活单调、个性乏味、灵魂缺乏温度和热度，是不会招人待见的。无趣的个性往往炮制出死气沉沉的生活、毫无生气的灵魂、沉闷乏味的话语以及冷漠的面孔等，他们时常会对一眼能望到头的黯然失色的人生感到绝望，每天挂着阴沉的脸，对周围的一切人与事丝毫都提不起兴趣，所以很难有一个美妙的人生。如果你自觉是一个"无趣者"，那么就从现在开始改变吧，用行之有效的方法去拯救自己贫瘠的灵魂，去将日子过得热气腾腾，而不是觉得自己在"忍受某种煎熬"。

无趣的个性"炮制"出死气沉沉的生活

100 多年前英国著名诗人王尔德说：这个世界上好看的脸蛋太多，有趣的灵魂太少。这句话的潜台词是说，外表靓丽的人不少，多数人却都在过一种毫无趣味的生活，他们表情冷峻、说话无聊、思维僵硬、格局狭隘、目光短浅……生活在这种"无趣"个性者的"炮制"下，便显得死气沉沉，毫无生机。

朋友周波是个很无趣的"理工男"，他每天除了上班写代码外，最大的爱好就是埋头打游戏，近乎天天在"家、地铁、单位"三点一线间循环。到了周末，就是赖在家里不出门，一日三餐都是用"外卖"填饱肚子，然后在游戏中蹉跎人生。他几乎不与朋友、同事或同学聚会，觉得大家聚在一起，无非是各种吐槽心中的郁闷、不快和不满，彼此消磨那点对生活的一点残存的热情，或者在吹牛和攀比中刷自我存在感……总之，在周波眼中，与朋友聚会是件特没劲的事。

就这样，周波在这种死气沉沉、毫无生机的状态中在北京生活了 7 年，如今的他刚过完 36 岁生日，作为家中独子的他，愣是没找到女朋友。这可急坏了家中的父母，以各种方式催婚，在无奈之下，他开始在各种"相亲"场上徘徊。逐渐地，他也开始认识一些不错的姑娘，她们对他的收入、学历和长相都还满意，但终因他的"无聊""无味""无趣"而拒绝了他。几位姑娘给出的理由都是：个性太闷，情商低，对感情不开窍，主要是讲话太过无聊，整个人看上去死气沉沉、毫无生气。在受到这样一轮打击后，周波决定改变自己，他也想向周围的朋友学习，打算要将生活过得有滋有味、活色生香。可是，当朋友劝他出去运动，他却总说天气太冷不适合运动；同事建议他出去旅行，他却总抱怨自己工作被排得太满，根本腾不出假期；同学跟他说可以选择学习新东西、新技能，他却总找理由说自己没兴趣、没时间；在周六、周日无聊时，朋友劝他看碟看书时，他总会说太过麻烦，看不下去……总之，他拒绝所有的"改变"和"新事物"打破其原本沉闷无比的生活……在单位，他也是个喜怒不形于色的人，说得好听点，叫淡定从容儿泰山崩于前而面不改色，说得难听点儿就是呆板无趣、毫无激情、死气沉沉。就连他的上司也曾经意味不明地感叹过，说他的性格简直就是天生的"程序员"，冷性冷情……

生活中类似于周波这样的人有很多：有不错的样貌、不错的收入，但就是个性无趣，生活沉闷，所以人缘极差，不受人待人。他们看似油盐不进、无懈可击，却活得软弱无力，生活缺乏气息，如同僵尸。他们不运动、不旅行、不读书、不社交……同时又拒绝所有"新鲜事物"闯入他们的生活，与现实世界显得格格不入。在自我"狭窄"的无聊虚无中品尝生活的干枯无味，又对一眼能望到头的黯然失色的人生感到绝望。

有时候，你也讨厌无趣的自己，也渴望能融入现实中与周围的人或朋友打成一片，也想着能成为人群中谈笑风生的"亮点"，更渴望主动去结识不同的人，背起行囊来一场说走就走的旅行，去世界各地品尝美食，也渴望能找个人谈一场轰轰烈烈的恋爱，让平静如水的生活荡起一点"涟漪"来，可最终的结果是：赴了几次聚会，参加了几场同学会后，发现自己对他们聊的内容丝毫提不起兴趣，看着那些肚中有"料"的人大聊文史政，成为人群的焦点时，你却发现自己根本插不上嘴，进而懊悔自己的"无知"，自责自己为何不在平时抽出点时间多读点书、看点新闻；为准备一场远行，你提前做足了功课，规划好了线路图，但几个月过去了，那个线路设计图却仍静静地躺在脑中，那些你幻想的美景也只是幻想一下罢了；为开始一场恋爱，你精心设计了健身计划，但还未坚持一天，你就以"天气太冷或太热"为借口直接放弃，那个你喜欢的人便成了永恒的"梦中情人"……你很费力地想改变，却总觉无力，然后继续在无趣、沉闷、悲观、消极中"熬"日子。

一个人若被打上"无趣"的标签，不能让生活时时荡起点"涟漪"，那等着你的将会是生命力的衰弱，你将会在"沮丧"中使梦想消退，丧失向上奋进的动力。为此，这里给你的建议是，关掉让你沉迷的游戏，尽情去"折腾"你的生活吧，去读书、去旅行、去恋爱，去汹涌的人潮中呐喊……哪怕是精心做一顿早餐，在阳台上培育一个小盆栽，到小区的某棵树上去观察动物迁移……久而久之，这些细丝的"改变"会轻易地化解枯燥、孤寂和沉闷，你会觉得生活是一件极为美好的，甚至连生活的"苦"都能被你过出"甜味"来。

身体"油腻"不可怕，可怕的是心灵的"油腻"

"油腻"是一个人变得越来越"无趣"的迹象之一。"油腻"这个词本来是指形容那些油腔滑调、世故圆滑、不修边幅、邋遢不堪，没有真正的才学和能力又喜欢吹嘘者的。而这里的"油腻"主要指的认识层面的，即市侩庸俗。对一个人来说，年龄渐长、容颜变老，身体的"油腻"不可怕，可怕的是精神的"油腻"。

可在现实中，却有不少的年轻人，仅有 20 多岁的年龄，却有着 50 多岁的灵魂。他们迫不及待地想让自己褪去身上的天真烂漫和稚气，磨平身上的棱角，醉心于名和财，于是四处攀关系、玩套路、耍手段、拜高踩低，并且沾沾自喜。

春节回家，一次同学会上遇到了老肖，他是我中学时期极为要好的朋友，当时的他健谈、爽朗、爱读书，有一颗"文艺"心，人长得也不错，是当时我们班很多女生青睐的对象。后来，因为高考失利，便辍学回家帮父母做小生意。如今的他在家乡的四线城市搞蔬菜批发。才几年的工夫，他人整整胖了一圈，肚腩也起来了，身材发神走形不说，头发也乱糟糟，胡子也不刮。这让我们班的女生都大跌眼镜，个个开玩笑地对他说："你这是在粉碎我们青春时期的美梦啊！""把曾经对你倾注的纯真情感还给我们！"而他站在一旁，只是傻呵呵地笑。

可当他一落座，却是满口的荤段子，自己笑得合不拢嘴，却完全不顾旁边那些女同学脸上的尴尬。

席间，有同学说自己想再去考个研究生，以前学校学的那点儿在工作中根本不够用。而老肖却接过来说，读那书有啥用，我没上过大学，生意不照样做得不错，一年挣得比你多多了吧！嗨，要我说，你也别去读书了，不如跟领导搞好关系。有同学说要计划去荷兰看郁金香，他却接过来说，我们市里的花园中有满园的郁金香，何必跑那么远花那个钱呢？弄得同学很是无语；服务员送菜慢了，老肖便对人家呼来喝去，不依不饶，非让对方陪他喝一杯酒以赔罪，搞得大家都很尴尬。很多时候，他自以为自己很有道理，觉得自己挺有趣，是在活跃聚会气氛，结果却让不少同学嗤之以鼻。

一个人身体的"油腻"并不可怕，心灵的"油腻"才是真的可怕。这样的人，看似是成熟、健谈，实际上是真"无趣"和早衰。他们看似能在人际关系中如鱼得水，看似深谙人际交往之道，却极难赢得别人的尊重。

有些年轻人，初入职场不想着如何提升自己的工作技能，而是想着如何与上司搞好关系，去逢迎讨好、溜须拍马，总想以此来达到升职加薪的目的；还有些人，长着一双"势利眼"，看周围谁有实力，就拼命往跟前凑；也有一些人，总将自己当成"宇宙"中心，大谈自己的得意和成功，肆意贬低周围其他人；亦有些人，错将媚俗当幽默，将人身攻击当调侃，结果是开心了自己、恶心了别人……正所谓，人有净气，风雅自来。人的阅历越多，遇到的人越多，就会越觉得做一个灵魂干净、清爽、真诚、正直的人最为可贵。一个人若能够在烟火世俗里，依然保持一点稚气，一份纯真、真诚，不功利、不媚俗，并时刻能守住内在的初心，能识趣、知大体，才是做一个"有趣"者的前提。

一位诗人说："人心是不待风吹而自落的花朵。抱着爽朗、干净的心态过日子，一年都显得漫长无尽；抱着贪婪执着的心态过日子，纵有千年也短暂如一夜之梦。"要知道，活着的大最意义在于追求幸福，在于取悦自己，自得其乐，在于你始终可以对着镜子里面的自己肃然起敬。那些心灵"油腻"者，活得太过疲惫。他们的心灵蒙上了一层"污垢"，所以他们看外面的世界亦都是不干净的。

在一家咖啡厅中，有两位中年女士在肆无忌惮评论一个携外籍男友买单离去的女孩子。一个说她的腿那么短，看来是不能穿长筒鞋子了，不然鞋穿上去还不要碰到屁股了；另一个说，那个女人那么肥胖，水桶腰，怎么还找了外籍人士呢。那些老外的口味可真够重的！说完，她们便哈哈地大笑了起来。这时邻桌的一位风度翩翩的男士看到此，便对她们说："你们的容貌彻底被你们刚才的行为给毁掉了！"

不知趣者往往会将"低俗"当成"有趣"，会将"刻薄"当成"搞笑"，而自以为是的行为恰恰暴露了他们心灵的狭隘和教养的缺失。"有趣"的前提是"知趣"，即指对事物有自知之明，懂进退、知取舍，对人与事了然于胸后的豁然、爽朗和大度。

你所沉溺的"垃圾快乐"正在消耗你的激情

在一次远行的高铁上发现一个好玩的现象：无论男女老少，都在玩手机。有的在玩游戏，有的在刷娱乐性的 App，一个个都是边玩边笑，还时不时地拿给旁边的人，逗得对方哈哈大笑。旅途无聊，找点娱乐来打发时间也无可厚非，但这也让我想起了表弟。表弟今年刚毕业，特别喜欢玩手机，刷娱乐性的视频，只要一有时间就刷，上班的时候偷偷刷，下班的时候也躺在床上刷，聚会的时候也是边喝酒边刷……有人问他，怎么那么喜欢刷手机。他说，生活压力太大了，只有手机能让人开心。沉溺于手机娱乐视频后，表弟确实是快乐了，总能看见他咧个嘴傻笑，但他最近也把工作给"刷"没了。

因为上班时间悄悄玩手机，被老板逮了个正着，就直接把他给裁了。结果表弟不但没将手机戒掉，反而玩得更厉害了，有好几次都是刷通宵。女朋友劝他也不听，还数落对方不够理解他，说自己只是缓解压力罢了，女友最终还是给他分了手……就这样，表弟用手机"刷"掉了工作、"刷"走了女友。

近来，他很沮丧地来找到我，向我倾诉他内心的郁闷，说道："这段时间，过得真是痛苦！"我笑笑说："看你整天拿着手机刷得挺嗨呀！"他却苦笑着说："那种短暂的快乐真的可以麻醉人的神经，看似当时很高兴，可过后当你关掉手机走入现实中时，却感到无比的孤寂、无助和痛苦……你知道吗，我现在已经变成了我曾经最鄙视的那种人，距离刚毕业时那个朝气蓬勃的少年越来越远……我的生活变成了简单的两点一线，自己在虚假的满足感中丧失了向上的动力。"

现实中很多年轻人可能有过类似于表弟的经历，开始沉溺于个人短暂的垃圾快乐中，不愿意再费劲地提升自己，这也是致使一个人变得"无趣"的迹象之一。这里所谓的"垃圾快乐"，即指那些可以获得短暂快感，却对人的长期发展毫无益处的东西。它的最可怕之处，就是通过让你获得短暂的快乐的同时，不知不觉地偷走你的时间，消磨你的意志力，摧毁你向上的勇气，更可怕的是让消耗掉你对生活的热望和激情。

比如刷刷娱乐 App，几个小时过去竟然会浑然不觉；打打游戏，一不小心都会打到通宵。玩的时候虽然很爽，但是一旦结束，你的快乐便会烟消云散，不仅没有任何的收获，还浪费了大把的时间和精力。我们身边也不乏这样的例子，有的人总是埋怨工作不好、挣钱太少，回到家却依然不务正当。日复一日，只长年纪，不长见识，不仅与升职加薪无缘，还随时面临被裁员的风险……一个人追求快乐没有错，但是要看这种快乐对你的长远发展是否有利。

一位社会学家指出，"垃圾快乐"的可怕之处，就在于当人们习惯了这种快速易得的方式去获得"快乐"，就会逐渐失去探索未知的好奇，失去学习的耐心，失去独立思考的能力，更会对快乐麻木，最终变成一个觉得什么都没劲的人，最终让人对生活丧失渴求和激情。要知道，"垃圾快乐"会让你极容易获得足够的满足感，而你一旦习惯了这种唾手可得的方式后，你就会不愿意再花时间去做那些"高投入"的事情了。比如宁愿花两个小时刷微博，玩游戏，也没有耐心去看一本书；情愿熬夜看剧，也不愿意努力地去运动健身。久而久之，人也失去了向上动力和对生活的激情。

对此，美国社会学家芭芭拉曾指出：层次越低的人，越是喜欢用消耗的方式去追求快乐，比如酗酒、赌博、刷剧、打游戏等；层次越高的人，越是喜欢以补充的方式创造快乐，比如读书、学习、运动、艺术创作等。

英国 BBC 纪录片《56ups》，花了 56 年的跟拍，得出了一个很残酷的结论——精英的孩子会成为精英，底层的孩子依旧在底层。除非底层的孩子能跟精英的孩子一样，从小都以读书、学习为快乐，而不是在不断浪费时间和精力。其实，很多时候垃圾快乐就像快餐，简单好吃，长期吃下去却会拖垮你的身体；当你在浅层次的快乐中，挥霍你的生命，你最终拥有的只是短暂的热闹和长久的空虚；而高质量的快乐就像绿色食品，不一定美味，却能带给你真正的营养，帮助你更快地成长。当你将生命融入深层次的快乐中，比如读书、旅行、运动等，虽然暂时不快，但它能为你的生命充电，使你最终拥抱更持久的幸福和快乐。

依靠"惯性"去生活，人生必走入死循环

经济学中有一个著名理论叫"路径依赖"，讲的是一个人一旦进入某种路径（无论是"好"的还是"坏"的），就有可能对这种路径产生依赖。很多人觉得生活枯燥、无聊，就是因为对这种生活产生了路径依赖，遵循着"早起—上班—晚上下班—睡觉"这样的惯性状态中，人生也被拖入了这种死循环中，毫无新意、惊喜可言。不断地重复着昨日的生活，靠着"惯性"过活，久而久之，人自然就会形成"无趣"的个性，灵魂也会日渐干瘪，直至情感冷漠、生活生硬。

当你发现自己开始在"自我"的世界里打转，不愿参加任何社

交，不愿接触陌生人，对外界的一切新奇事物不再感到惊喜，那些曾经感动的事与人再也感动不了你，那些让你悲伤的事再也无法让你落泪，那些曾让你开怀大笑的行为或话语再也无法让你内心荡起涟漪。照镜子，看到的只是一张冷峻的脸，穿衣、吃饭开始变得不讲究，那么，你便会被人贴上"无趣"的标签。

在第三季《中国诗词大会》中，一个外卖小哥凭借丰富的诗词知识，击败了北大的一位硕士夺得冠军，惊呆了无数观众。在最终，其对手评价说，他就像《天龙八部》中的扫地僧，只要一出手，就能震惊整个江湖。

其实，在很多人眼里，那位外卖小哥与其他同行一样，每天重复着一样的生活：骑着送餐车风里来、雨里去，在大城市里赚点辛苦钱。但是，他又跟其他的外卖小哥不同，因为他是一位古诗词爱好者，每天在送餐时、送餐的路上或车停下来等红灯的时候，他都会见缝插针地背诗。在下班之后，其他同事都是躺在床上玩手机，只有他一个人看书背诗，因为他觉得，这是无奈生活中的乐趣。在未参加比赛前，很多同行都觉得他是在给自己找不快，一个送外卖的，背那么多的古诗有什么用呢。但是那位外卖小哥不是这么想的，他觉得那是他的爱好，正是因为他的这种爱好，才让他枯燥、无聊的生活有了那么些动人的色彩……

在生活中，很多人像极了那位外卖小哥身边的人，每天都在"惯性"中"熬"日子，过着"流水线"式的生活，吃差不多的饭菜、做差不多的工作，没有一点波澜。内心开始变得越来越麻木和冷漠，毫无快乐而言。为避免自己在"惯性"的生活中游走，就是要提醒自己时刻保持一颗探索未知的好奇心，去给自己的生活来一点"不同"。

对此，一些心理学家指出，小孩子之所以能有更多的快乐，完全是因为他们每天的生活都不一样。他们对周围的世界有着强烈的好奇心，总能在"好奇"中找到感官的刺激。而大人则不同，大人们更是习惯地活在自己的舒适圈里，能将一年过成一天。为此，如果我们能像小孩一般，想拥有更多的快乐，撕掉身上的"无趣"标签，那首先就得有勇于走出舒适圈的勇气，有不依靠惯性活着的决心。

也许，当你在百无聊赖中，放下手机游戏去精心做一顿色、香、味俱全的饭菜，做完后就会收获满满的成就感；

也许，当你逼着自己爬出温暖的被窝，去清冷的街道上跑上几公里，但是在做的时候，运动带给你的快感远比懒在被窝里要保持得更持久；

也许，当你懒在沙发上逼着自己去看一本书，当你读完后便会发现，这种充实的幸福感是懒惰永远给不了的。

你的无趣，在于对生活用力过猛

刚参加工作时，在单位的宿舍里，曾有一位姓罗的男孩子：长相普通，但为人很是正经，且极有城府，是当时单位里出了名的"人精"。

他能说会道，混迹在单位的各个部门，无论到哪儿都能装出一副正派、正经的样子。单位里的大部分人挺喜欢他，领导夸他谦逊有礼，情商高，有责任感、肯担当；还有的人羡慕他能力出众，将他当成学习的榜样，并且希望有一天能成为他那样优秀的人。

但是，在宿舍里这位罗姓男士极不受人欢迎，大家都不愿意搭理他，对他避之唯恐不及。那一次宿友聊天，聊到了他，大家纷纷表达了对他的厌恶。舍友 A 一脸嫌弃地说，他在这里面，连呼吸令人作呕。我赶忙追问 A 道，都是舍友，抬头不见低头见的，干吗如此排斥他，难道你们不觉得尴尬吗？我的质疑，像一把尖锐的刀子一般，刺痛了其他几个室友的痛点。舍友 B 说道，最看不惯他为人处事的方式，表面一套，背后一套，把人当猴耍。平时生活邋遢，不注意卫生，搞得这里面乌烟瘴气的，如果不是因为在单位里有合作项目，为了顾及面子，早就想将他扫地出门了。舍友 C 立即爆料道，"刚到单位时，我和他（罗姓男子）的关系挺好的，我们俩一见面就相谈甚欢，一拍即合成了好朋友。他只要有什么事，我都会挺身而出帮忙，大到工作上的事，小到私事，能帮忙的绝不推脱。可当我遇到麻烦请他来帮忙的时候，他好几次都找借口推脱了。后来，我才渐渐地认清了他的为人，他从来没把我当作真正的朋友，他主动靠近我，不过是因为他看中我的善良，不懂拒绝别人，才百般与我交好……"自此，舍友 C 便和罗姓男士有了极深的隔阂，从原来的无话不谈到现在的形同陌路。

后来，我也了解到，那位罗姓男子平时在生活中几乎没有一个真正的好朋友，因为他的择友标准只有一个：朋友必须有用，互为功利，关键时刻可以解决他的各种难事。在他的理念里，只要能为他带来某些利益和便利的人，他都会瞬间与之称兄道弟，但好景不长，对方很快就会与他分道扬镳。现在，我也终于明白宿舍人对他的种种不满和抱怨了，他的问题在于：对生活用力过猛。

作家贾平凹说："人可以无知，但不可以无趣。"而无趣的人，最主要的表现就是有太强的功利心，对生活用力过猛，凡事都讲求"有用吗，有好处吗"，因此，无趣者多数都显得浅薄狭隘。就如上述中的罗姓男子一般，交朋友只在乎是否对自己有用，而不愿付出真诚的情感，这也说明了其内在心灵的干涸和枯竭。交友如此，对待生活更不容易付出真诚和热情来，长此以往，其躯体完全变成了一具行走的"空壳"。

生活无须用力过猛，用力过猛的人一般比较浮躁和急于求成。要知道，生命像一场马拉松，如若你将所有的力气都用在开端，跑得快的人不一定跑得远，慢慢来反而会比较容易取得成功。

我们总会遇到对生活用力过猛的人，他们总是在焦虑中不断地消耗自己：

为了拿下更多的项目，获得公司领导的认可，白天本就处在忙乱中，晚上也要熬夜，不停地做方案改方案。

受张爱玲"出名要趁早"观念的影响，刚刚毕业没多久，便希望能成名。

为了早早地付得起房子的首付，每天拼命加班，甚至会忙到忘记吃饭，以喝水来抵御饥饿，以致拖垮了身体，因病住进医院，医院费竟然比加班费高出一截，这样的人总沉浸于虚假的努力中，甚至极容易自我感动。这种短期的过度用力，实则是在消耗健康来弥补对努力的需求。

......

凡此种种，都是对生活用力过猛的典型行为。其实，每个人的心理抗压力都是有限度的，就像一根橡皮筋，长时间地紧绷只会失去弹性，而人生亦是如此，用力过猛，对自己的期望太高，要求过严，生活即会褪色，很难体会到生活的美好，亦难以欣赏到街边的美景。如若你用力过猛，失败时的心理落差也会更大，人们亦可能因此变得偏激。

另外，对于周围的人来说，与无趣者相处，便像一种消耗和折磨。所以，"无趣"者往往人缘不好，生活会为其筑起一道道围墙。

所以，要做一个"有趣者"，那就停止你慌乱不堪的忙碌，静下心来慢慢品味生活的酸甜苦辣吧。要知道，任何美好的东西都是需要经过时间的沉淀的。就像一株植物，从抽芽到开花结果，越是慢慢来结出的果实亦越是可口。所以，我们要懂得让自己"慢"下来，认真体味人间的"烟火气"，将日子过成诗，这样才能让自己的人生充满"趣味"。

生活需要仪式感：将平淡的日子赋予意义

应对生活的死气沉沉和了无生趣，行之有效的办法就是赋予生活以仪式感。这里的"仪式感"是指使某一天与其他日子不同，使某一时刻与其他时刻不同。这可以让本来单调、枯燥的普通日子变得与以往不同，将日子赋予意义，并对此怀有敬畏心理。要知道，人生漫长，生活异常地枯燥无味，平淡是生活的常态，你需要找到一种全新的方式，以付出与热爱让自己度过许多无趣的日子。

在电影《蒂凡尼的早餐》中，有这样一个经典的镜头：清晨时分，纽约第五大道上空无一人，从乡下来的霍莉穿着黑色的礼物，手中拎着一个牛皮纸袋，优雅地吃着可颂面包，喝着热咖啡……就这样一顿普通的早餐，被这位女士吃出了"仪式感"。

当你感到自己的生活了无生趣，如死水一潭，灰头土脸，似乎总也看不到阳光，那是因为你缺乏生活的仪式感。你需要给自己的生活注入一点"情趣"，并用来提醒自己，其实生活除了眼前的苟延残喘，还有心中的诗情画意和远方的欢乐与美景。

韩国年度最佳短片《你变了，我们离婚吧》讲述了这样一个靠"仪式感"而挽救婚姻的故事：

男主人觉得生活平淡无奇，连每个纪念日送她礼物都像一种形式，这种感觉让他以为他们之间的爱已经太淡了，快乐太少了，于是便提出了离婚。女主人想了一夜，提出了一个请求，即 30 天承诺，来度过这最后的婚姻生活。

第二天，男主人要上班出门的时候，女主人微笑着说，你可以抱我一下吗？；吃饭的时候，女主人笑着说，你可以牵我的手吗？晚上睡觉的时候，女主人笑着说，你可以说一句话爱我吗？男主人全部都照做。这一天就这样结束了。

第三天，闹钟响了，外面有阳光射进来，女主人笑着说，你可以亲我一下吗？两人忙忙碌碌地出门后，女主人却一脸温柔地伸出手来说，可以牵我的手吗？

就这样，周而复始，他们的笑容多了起来。随着时间的流逝，男主人便意识到：那段时间我所忽略掉的关心和爱，又再一次深切地体会到了，一直以来，我将这一切都想得理所当然……

过了几天，在公司里，有一个朋友打算向女朋友求婚，然后他来向男主人讨教，这个时候，男主人便回忆起了当时自己求婚的情景，画面切换，他手捧鲜花，单膝跪地，笑容灿烂地对女主人说："我向你保证，每天都牵你的手，每天都抱你，每天都亲你，每天都对你说'我爱你'，你愿意嫁给我吗？"

此时过去的一幕幕完全地浮现出来，他再也控制不住，飞快地向家中跑去，推开门，家里还是有着女主人写的很多提醒他的便利贴，只是没有女主人，家就像变了味道一般。可是，就在他出门去找女主人的路上，却看到了一起事故，他一眼就看到了那只女主的包包，顿时心揪成一团，好在没出人命，他们哭泣着，将彼此紧紧地抱在怀里……

将细碎而又普通的小事赋予"意义"，让生活时刻充满仪式感，能为人带来感动和快乐，能激活平淡生活里的"快乐"因子，让真情重新"彰显"。真正的有仪式感的生活就是对自己、对生活的一种用心，它让你积极、乐观地在这个冷峻的现实里寻找着别样的生活之美。

有仪式感的生活并不是做给别人看的，而是让内心的美好与诗意缓缓地绽放，是对生活的热爱和对生命的尊重，是精心细致地对待生活中的日常琐事，是细嗅阳光、感受和风、让简单的日子焕发出趣味盎然的小幸福来。

在现实中，谁的生活不是一地鸡毛呢？但我们仍然要从无趣中寻找快乐，从柴米油盐中寻找诗和远方。注重"仪式感"的生活无须花太多的钱，但只要你有一颗诗意的心，就能让人生的每一天都过得活色生香、充满情趣。

柳眉是个懂得生活情趣的人，虽然独身一人，也能将自己的生活经营得丰富十足。她会去买各种鲜花来装扮自己的房子，会为自己做一顿色香味俱全的餐饭，会约三五好友一起外出去旅行，还时不时地去看一场电影……即便是在有病的日子里，她也不忘经营时光，给日子以"仪式感"。在被疾病缠绕的时光，她自己竟然穿着白裙，让朋友帮忙到野外采些野花，让朋友给自己开"追悼会"，以更真实地体验"死亡"。也就是在这其中，让她感受到了生命无常，并以平常心去看待人生的悲与痛……

为每一个普通的日子和行为赋予仪式感，让它们变得富有情趣和值得纪念，你就能真切地感受到，自己是在享受生活，而不是麻木地活着。很多时候，"仪式感"能够在一定程度上放大人的情绪，比如给自己办一场生日宴，能让自己真切地体会成长的快乐与悲喜；比如在母亲节给老妈送礼物，能让双方都体会到亲情的感动和温暖……这些放大的情绪，让日子在平淡的生活里开出花来，变成充满感动的细水长流。

所以，要撕掉"无趣"的标签，那就开始学着为每一个普通的日子和行为赋予仪式感吧，让它们都变得有趣和值得纪念，为每一个自己重视的瞬间，选择一个独特的仪式以满足你对生活的美好期待，让我们将日子过成自己最期望和最想要的样子，与世界相拥，找到属于自己的安全感和归属感。

性格无趣，所以人缘差、朋友少

刚到周末，张旭便对着办公室里邻桌的同事发牢骚："唉，生活真的太没意思了，工作无聊、周末无聊、吃饭无聊、睡觉无聊，做什么都没意思，每到周末只是窝在家里，根本懒得出门，人都待得快发霉了！"同事便给他出主意："那还不赶快约几个朋友一起出嗨一下！"

张旭随即不开口说话了，他陷入了更深的郁闷之中：来这座城市很多年了，每天除了工作，就是待在家里，再加上他个性无趣，和外界接触甚少，竟然没能交到一个好朋友。邻桌的同事似乎看出了他的心思，便对他说：你这个人呀，个性生冷，每天都板着个脸，也不爱主动与人搭话。再者，你似乎对周围的一切都不感兴趣。平时大家都爱谈政治、经济、历史等话题，你也不主动参与其中，人缘怎么能好呢？

张旭点点头，但这仅限于他的"自知"，对于自己的无趣，他也想努力去改变，却不知道如何去做。对此，邻桌的热心同事早为他的"无趣"个性找到了症结。他说道，老张啊，每次与你聊天，都觉得无意思，聊来聊去，永远是你知道的那点东西。平时你也不学习、不看书、不旅游、不参加聚会，业余时间都是"独守空房"，怎么能说出有意思的事情来呢？另外，每当我兴致勃勃地与你分享我新结识的朋友，你总会说，认识这些人有啥用？与你诉说我新学的新技能，你总爱说，你懂这有啥用？几次被你这样败兴之后，我有什么有趣的事，自然也不愿意和你诉说了呀！

还有，几次与你一起外面吃饭，你永远只点自己知道的那些菜，从来不换点新花样。其他同事也曾抱怨道；与你这样的人一起吃饭，无异于经受一场劫难，与你聊天，也会觉得尴尬难忍。

张旭听到同事这样说他，脸上红一阵、白一阵，他面表虽然平静，但内心已经"怒不可遏"，他本想发火，同事突然哈哈笑了起来，以调节气氛，害怕他真的动怒，便说道："看你现在的表情，这是真要生气了！如此经不得人说，怎么能变得有趣呢！"

与性格无趣者交流或交往，人生就好比经历了一场劫难，一开口便会觉得与其三观不合，就是与其干坐着也会觉得浑身不自在。通常情况下，个性无趣者拒绝接纳新事物，灵魂和思想都较为贫瘠，和他们聊天，聊来聊去，永远都是他们知道的那点东西；每当你与他分享某种件趣事，他都会说：这没什么好笑的呀！你对他说起结识了某个人物，他都会说：结识他对你有啥好处呢？向他分享你学的新技能，他都会说，你懂是有啥用？他们不看书，无论是纸质的还是电子版的，也不旅行或者对旅行没有强烈的需求，对国外的人、事或文化，有抵触心理。他们毫无幽默感，也开不起玩笑，你拿他稍开一点玩笑，他便立即生气甚至跟你翻脸；反应迟钝，对周遭世界的变化反应的敏感度极差；胡扯和编故事的能力基本为零；容易被权威声音所压制……正是这些低情商行为，很难有好人缘、交到朋友的。

也许很多人会说："这就是平淡啊，人们不是常说平平淡淡才是真吗？"实际上，你所追求的这样的平淡，是一种"自我封闭"。你与周遭的世界显得格格不入，周围的朋友圈，你也丝毫融入不了，偶尔结识个肯对你说真话的人，你却总在琢磨：和这样的人来往有何用呢？……这样下去的结果便是周围的同事开始躲避你，同学开始疏远你，就连上司也开始无视你的存在，那么，你最终收获的便是：周围没一个可以交谈的朋友，无人倾吐苦楚和心中的郁闷，增加见识、学习培训、升职加薪、人生进阶等这样的好事都会绕开你。几年过后，你发现自己增长的只有年龄而无阅历，在工作中积累仅有"经历"而无"经验"。

小六儿姑娘是我们部门的"开心果"，她身材矮胖，但极其有意思。一位同事的策划案被采纳了，见对方高兴时，她会主动贴上去夸赞对方："工作能力强，人还长这么美，要不要我们这些'一无是处'的人活了呀！"每每都夸得同事喜笑颜开。看到一位女同事失恋，整日都郁郁寡欢的，她便上去安慰道："别难过了，你虽然失恋，至少还恋过！看我长成这副模样，怕是惊吓了爱神，想恋还恋不上呢！"逗得那位同事立即哈哈大笑。

那天中午饭后，小六儿姑娘与几位同事在单位下面的花园里散步，大家有说有笑时，六儿却一个人躲在花丛中蹲在地上貌似在观察什么。几位好奇的同事凑近一看，原来是一只奄奄一息的蝴蝶。六儿姑娘便轻轻地将它放在了花丛中，大家问她原因，她说："看它快不行了，想着它即便是一会儿死去，还可以死在花丛里，应该会很幸福的吧！"

这还算没完，在下班后，小六儿姑娘便傻呵呵地跑到楼下，中午看的那只蝴蝶已经死掉了。她小心翼翼地将它的遗体埋在花园里的一个角落，还特地选了一个其他人一般不会经过的角落，怕有人踩到它，还特地找了一块小木板竖在上面当墓碑，搞得特神圣。正是这种有趣的个性，让单位的同事都愿意和她打成一片，就在上个月，小六儿姑娘正是凭借其极高的人气被单位同事推举为设计部的副领导。再加上小六儿姑娘的幽默爱笑的开朗性格，她总能在外结识一些新的朋友，就连公司食堂里的师傅都对她格外地偏爱……

有趣的人是内在充满乐观能量的，他们无论在怎样的交际场合，都能轻松地打破"冷场"局势，巧妙地化解尴尬，他们身上的快乐能量总能感染周围的人，让人愿意与他们亲近。很多时候，他们是朋友圈里的"开心果"，是人群中的"快乐之源"，与有趣者相处，你会觉得世界充满了趣味，生活变得有趣，自己似乎也会变得有趣起来。为此那些有趣者总是倍受陌生人的青睐，熟人的偏爱，总会有不错的人缘。

有人说，有趣者身上有一种"俗气"，这里的"俗"是接地气的亲和力，是一种富有烟火气息的家常味道——即暖心又暖胃。正是这种烟火气，很容易让他们成为街坊大妈口中的"老好人"，同事眼中的"好搭当"，是人人都乐于交往的"热心肠"。所以，要做一个有趣者，就要勇于脱去你身上的"高冷"气质，拔掉身上的"刺"，提升你的内涵，展露你的微笑，放下身段去展露你的亲和力。

拥有有趣的灵魂，你就是一个"发光体"

曾经让无数人感动的《泰坦尼克号》，如果用世俗的眼光来看，女主角罗丝的未婚夫是个地地道道的钻石王老五，罗丝虽然家道中落，但拥有很多人美慕的贵族身份。罗丝和卡尔一个出身于名贵之家，一个拥有大量的财富，看上去般配至极，然而罗丝为了一个一无所有的穷小子宁愿放弃与卡尔的婚姻。卡尔虽然家财丰厚，而且对未婚妻罗丝也不差，可在爱情面前，他却被一个穷得一无所有的野小子给打败了。原因是什么呢？

穷小子杰克虽然在物质上很是贫乏，就连登上泰坦尼克号的船票都是他靠赌博赢来的，可是他风趣、幽默，具有艺术气息，还会哄女孩子开心。

而卡尔呢，是一个绝顶聪明的商人，而且为了心爱的女人愿意一次次地舍弃逃生的机会，但他始终走不进罗丝的内心。

电影中的几个细节可为我们提供答案：

卡尔虽然喜欢罗丝，但他高傲霸道，在罗丝面前只知道展现自己的财富，既瞧不起船上的暴发户，对船上的三等舱里的穷人们也充满蔑视和冷漠；反观杰克，也许有人认为他是一个一文不名的小混混、小流氓，但他在第一次见到罗丝时就看出了她内心的渴望，他发现两人都对绘画感兴趣，便大胆地为她画像，令彼此之间涌动出无尽的情愫；他懂得她渴望自由、想要突破束缚，于是便带她到三等舱参加真正的聚会，肆意开怀地跳着上流社会所不齿的爱尔兰舞蹈，让她体验到从未有过的人生快意；他会站在船头想要跳海的罗丝说出"You jump, I jump"（你跳，我便跟着跳），还会在自己生命将息之际鼓励罗丝"To make each day count"（让每一天都有所值），希望自己心爱的姑娘每一天都过得开心快乐，即使没有他的陪伴。

罗丝宁愿背叛有钱且爱自己的卡尔，也要与穷小子杰克在一起，甚至愿意为了杰克放弃逃生的机会。当杰克终因体力不支沉入冰冷的海水中时，又有多少人陪着罗丝一起落泪？大家之所以会对杰克这样的一个文艺小混混伤怀感动，是因为他身上有多情、浪漫、不羁、文艺、幽默、风趣等，而这些正是一个人的魅力和吸引力所在。

现实生活中，对于如何才能改变自己极为糟糕的人际关系，相信多数人都做过很多努力，或拼命读人际交往方面的书籍，或练习与人交往的能力等。其实，要赢得好人缘，与其学习一些外在的技巧，不如我们从通过丰富自己的内在来改变自己。平时只要我们愿意花费时间、付出努力成为一个有趣的人，那么你就无须为自己的人缘担忧。因为当你的内在变得越来越丰富、外在变得越来越有趣时，你的吸引力便会越强，正所谓"你若盛开，蝴蝶自来"。

有趣者，本身就像一个发光体，不仅自己能发光，还会照亮身边的人。多数时候，有趣者，即便面对糟糕的事情，他们的所作所为都能让人笑出声来，不仅能温暖身边的人。而无趣者，就算大家被喜悦和胜利包围，也会让美好的气氛变得冷峻。如此比较，自然可以想象，有趣者与无趣者，哪种人会更有吸引力，人们更喜欢与哪种人交往。

有一次，郑志浩应聘一个炙手可热的职位，简历寄去后大概两星期左右，对方就将"抱歉！未能录用"的 E-mail 发给了他。郑志浩在看到没有希望的情况下，便采取幽默的方式做最后的一试，他回了一封信："既然您对未能录用我如此遗憾，为什么不给我一次面试的机会呢？"不知是不是这封信起了作用，后来郑志浩得到了这个公司另一个更好职位的面试机会——报社招聘采编人员。

在入围面试的 10 人中，无论从学历，还是所学专业来看，郑志浩都处于下风，唯一的一点儿优势就是郑志浩有从业经验——在中学主办过校报。

接到面试通知后，郑志浩把收集到的厚厚一摞报纸重新翻了一遍，琢磨它办报的风格、特色、定位，它主要的专栏，等等，做到心中有数。郑志浩还记下了一串常在报纸上出现的编辑、记者的名字。

参加面试时，评委竟然有 8 个。第一个问题是常规性的自我介绍。第二个问题是"你经常看我们的报纸吗？你对我们的报纸有多少了解?"郑志浩便把自己对这张报纸的认识，包括它办报的风格、特色、定位、不足等全部说了出来。

最后郑志浩说："我还了解咱们报纸许多编辑、记者的行文风格。例如，某某老师消息写得简洁明了；某某老师擅长通讯写作；某某老师文风清新自然；某某老师说理缜密流畅……虽然我与他们并不相识，但文如其人，我经常读他们的文章，也算与他们相识了。"郑志浩注意到，许多评委露出了会心的微笑。后来，郑志浩才了解到，他提到的许多老师就是当时在场的评委。

第三个问题是"谈谈你应聘的优势与不足"。郑志浩说："我的优势是有过两年的办报经验，并且深爱着报业这一行。拿起一张报纸，我总不自觉地给人家挑错：题目显得累赘，哪个词用得不合适，哪个错字没有校对出来；版面设计不合理，碰了题、通栏了……甚至有时上厕所，也忍不住捡起地上的烂报纸看……"听到这里，评委们不约而同地笑了。

面试结束的时候，郑志浩把自己主办的校报挑了几份分发给各位评委，请他们翻一翻，希望能给他提出些宝贵意见，并说："权当给我们学校做个广告。"评委们又笑了。

最终，郑志浩幸运地被录用了。事后郑志浩了解到，一开始自己并不被看好，然而其他参加面试的人回答问题过于"正统"和"死板"，正是郑志浩的灵活与有趣，让挑剔的评委们觉得他更适合干记者这一行。于是，不起眼的郑志浩脱颖而出。

郑志浩的一位同学在面试时，老板问他：评价一下罗纳尔多和乔丹，看看哪个更厉害。

"我觉得他俩都没我厉害!"他很是得意地说。

"啊?!"老板一头雾水，如困巫山。

"我要跟罗纳尔多打篮球，跟乔丹踢足球，看看到底谁更厉害!"

他的回答不仅幽默，而且很富哲理，后来他果真被老板录用了。

郑志浩有趣的回答问题，其实也体现了有趣人士的几种最重要的特质，比如机智的反应、幽默的谈吐以及豁达的心胸。如果我们平时能在这几方面去锤炼自己，那我们不但会变得越来越有趣，而且在社交中也会越来越具有吸引力。

你未来的道路可能遍布荆棘，但愿你不会生活磨灭初心，努力做一个有趣的人，成为周围人都拒绝不了的热烈阳光。

在好看和有趣之间，多数人选择后者

大学同学玛莉是我朋友圈里的恋爱达人，从大一认识她到如今，她已经谈了好几任男朋友了。她的异性缘之所以这么好，有一个极为重要的原因，那就是长相比较出众，身材也苗条。

依道理来说，长相出众的女孩子要和帅气的男生在一起才般配，但玛莉的几个男朋友，个个样貌普通，打扮也不够时尚，这让我极为费解。于是，便借一次聚餐场合，趁大家嘻嘻哈哈没正形的时候，便问玛莉道："你的审美跟我们确实不一样，看你找的几任男朋友，分明和'帅气'沾不上边呀！"玛莉笑笑道："哪里？我的男朋友长得很帅的好嘛！"说完便打开她手机相册，让我仔细观察他男朋友的身形有多么地迷人，眼睛有多么令人着迷……我听到她的认真地向我解释，有点"蒙圈"，便在心里感叹道，被爱情冲昏头脑的女人，智商不在线，就连审美也在下降。

后来，在一次偶然的机会，又和玛莉相见，那一次她带着他丝毫不帅气的男朋友。我一下子明白了，玛莉能看中那样的男孩是有原因的，因为他们的灵魂真的够有趣。

在点餐时，她的男友只是云淡风轻地说了个笑话，便让我狂笑不止，玛莉也跟着高兴起来；在用餐期间，他还会用番茄酱涂到鼻子和脸上，扮圣诞老人，逗得我们合不拢嘴；就连不心小将米粒沾在嘴角上，他也能趁机做出各种搞怪动作，引人发笑……我再回想玛莉那次给我看的照片，只要是和男友在一起的，她都是身心愉悦的和快乐的。

后来玛莉告诉我，找恋爱对象，有趣是最关键的，帅不帅真的不是那么重要。人们不是说嘛，好看的皮囊千篇一律，有趣的灵魂万里挑一。有趣的人能时时让你开心，让你畅怀大笑。无论何时，他总能接住你的梗，不用解释，永不冷场。别人总被男友气得哭，你却能经常被有趣的灵魂逗得发笑。

能找个令自己开心的人，乍一听貌似不难，但真去茫茫人群中寻找，却不是件容易的事。很多人在恋爱的人面前，都会保持一些矜持，会故意将自己的一些缺点隐藏起来，生怕被对方发现。实际上，这种紧纵着的恋爱状态，真的挺累的。但如果你的男朋友或女朋友是一个有趣的人，那你大可不必这样。因为有趣者往往个性豁达，对他人的缺点毫无戒怀。也许是你耿耿于怀的小缺点，而在对方眼里，却根本不算什么，他们能大大咧咧地拿来打趣，并且能轻松有效地化解你们交往之间的种种尴尬，让你轻松放下负担。所以说，跟有趣者在一起，你总能感觉到前所未有的轻松自由和开心，而现实生活中谁会拒绝这样的人呢？

沈丛文和胡适都是有趣的人。在1920年代末，徐志摩推荐沈丛文去上海中国公学教学，当时胡适正担任该校的校长，他便接纳了这位只有小学学历的腼腆的后生。

当时的沈丛文已经在文坛崭露头角，所以前来听课的学生有许多，都想一睹这位大作家的风采。

上课之前，沈丛文作了精心的准备，预备的资料很是充分，讲一堂课绰绰有余，还专门雇佣一辆车拉他到上课的地方。

走上讲台，沈丛文抬头一望，只见下面黑压压的一片，心里面一惊，大脑顿时一片空白。1分钟过后，一言未发；5分钟过去了，依然不知从何说起，在众目睽睽之下，他呆了足足有十几分钟。最后终于开了口，他一面着急慌忙地讲，一面在黑板上飞快地摘抄提纲。

原来预备一个小时的内容，10多分钟便结束了。沈丛文无助地望了望台下的同学们，便拿起粉笔在黑板上写了这样一行字："我第一次上课，见你们人多，怕了。"

看着沈丛文的模样，学生们哄堂大笑：这位"小先生"虽然怯场，倒是个实诚有意思的人。

这件事情传开了，却被当成笑料："这样的人也配做先生，虽然十几分钟讲不出一句话来！"有人向胡适告状，胡适却一笑了之："上课讲不出话来，学生不轰他，这就是成功！"

有趣的人，他们语言幽默，总能勇敢地袒露自己，体恤别人；处于下风时，懂得自嘲和释怀，位于上风时，善于包容和谅解。我想，谁也不会拒绝跟这样的人做朋友或交往。

王小波说，我对自己的要求很低：我活在世上，无非想要明白些道理，遇见些有趣的人和事。倘若我能如愿，我的一生就算成功了。很多时候，生活是严肃的，有些人会让你始终板着脸，在紧张和不安中时时提醒你要整装待发；而有些人则可以让你如沐春风，在开心和自在中轻松化解生活的难题。不敢说哪个更为成功，但后者绝对让你活得更洒脱，内心更畅快。

一颗忧郁的心，撑不起一张明媚的脸

人一旦"没有趣"了，就会变得粗糙、麻木、肤浅，变得不再可爱，一个最为突出的表现就是愁眉苦脸、忧心忡忡、唉声叹气，面目可憎，好像这个世界谁都欠着你似的，这样的人，活着本身就是给别人添堵。要知道，在任何时候，幸福和快乐都是会传递的，你想要取悦周围的人，首先必须你是个愉悦的和快乐的人。一颗忧郁的心托不起一张明媚的脸，有爱心必有和气，有和气必有愉色，有愉色必有婉容。

邻居小露是个长相标致的小姐姐，脸上却总是愁云惨淡，遇事总爱抱怨，仿佛全世界的人都不对起她一般。所以，和我合租的小夏每次看到她都会感叹：长得那么好看，却有点不近人情，唉，空长了一副好皮囊呀！

今天周五下午刚到家，小露便开始对我们猛吐槽：单位的同事真是让人头疼啊，我的下属今天把一个超简单的方案给搞砸了，真是笨死了；我的助理真太工于心计……跟这群人在一起工作真是倒了大霉啊！在微信群里，她也总是向一个朋友说另一个朋友的不好，好像这个世界上所有的事情都令她不悦似的。

有一次，貌似在单位受了委屈的小露又开始抱怨上了："你不知道，我们公司其他部门的人太有心计了，老板太小气了，用人特别狠，总想用最少的钱让我们干最多的活，每天把我给累得不行，真的想辞职不干。还有我们公司的副总，一天到晚自己不干活，还不停地训斥别人，真是无法忍受了……"总之，她将公司所有的人都指责了一番。

面对小露的抱怨，一开始，我和室友们都会劝她，让她摆正心态，但慢慢地，我们只要见到她都会躲之不及。小露本来就没有什么朋友，渐渐地她发现我们这些"新朋友"竟然也不怎么搭理她了，便开始在网上肆意地诋毁和谩骂周围的人，以发泄自己内心的郁闷。

实际上，一个满脸愁纹的人，永远不会有好的人缘，更别说做个"有趣"的人了。也就是说，要成为一个有趣者，需要具备一个基本的素质就是：乐观、随和。实际上，大凡"乐观、随和"者，一般都有极强的"自娱精神"和共情能力。也就是说，他们拥有强大的制造"快乐"的能力，即便是在独自一人的时候，亦能够自娱自乐，自我陶醉于生活。而在一群人中，他们又能使周围的人变得热闹起来，他的气场催化着人生的精义，叫人奋发，使人快乐。

张杭是一个事业有成的男人，他经过两次婚姻，现如今正和第二任妻子甜蜜地度过十三年之痒。是的，他们的感情历经 13 年，仍旧甜蜜，甜蜜到心里发痒。

周围的朋友都很纳闷，他的第二任妻子无论是从相貌、气质、能力还是温柔体贴方面，都远远不如他的第一任太太，可为何能让张杭对她如此情有独钟呢？有位朋友带着这样的疑问问他说："你到底喜欢她什么呢？"

张杭笑笑，说道："因为，前任妻子总是给我煮南瓜粥，而现在的妻子总是给我喝小米粥。"

朋友听罢睁大了眼，说道："一碗粥就有如此大的魔力，能让你对前任厌、后者宠吗？"

"当然有了！"张杭说："我喜欢喝南瓜粥，而我现在的妻子则最喜欢喝小米粥！"

朋友更是纳闷："真是奇怪！这算什么逻辑？难道前任不该取悦你吗？"

他说："因为我最爱喝南瓜粥，前妻便天天给我熬南瓜粥给我喝，但是她却平生最讨厌吃甜食，她受不了南瓜的甜味。每次熬粥，都是为了我。虽然我知道她很是心疼我，但让她讨厌的饮食让她每天都板着脸。而且，每天早上起来，她熬过粥后，都会耳提面命地让我记谨记她的辛苦付出，我很明白她曾为我牺牲掉那么多快乐！其实，在我心里，我真心不希望她为我如此付出，尤其是她每次对我说话的那种压迫感，真的让我难受！现在的妻子则不同，她嫁给我的第一天早晨，便熬了一锅小米粥，很可爱地对我说：'我爱喝小米粥，看来今后你要跟着我一起喝它了！'她爱喝小米粥，每次喝完都很快乐，因为快乐，她会心情愉悦地打扫卫生，送孩子上学。有时，还经常在家里哼起小曲，每次我回到家，都会感到一种温暖和快乐。相比起当初的南瓜粥，我觉得现在的小米粥，更能让我喝得舒服，喝得快乐。"

一个有趣者必然是快乐的，他周身散发出的"快乐"因子能感染其他人。正如一位心理学家所说的那样，人与人之间，情绪的传递永远是在"照镜子"，你脸上的一切，终归都能完全地反映到对方的脸上。

其实，"有趣者"最大的能耐就是将"雅"与"俗"如奶油和面团一样揉得均匀，他们没有"雅"得那么高不可攀，也没有"俗"得惹人生厌。他们懂得从生活中汲取快乐因子，能时时自我取乐。另外，他们也最了解人性，透悟人情，能较好地融入人群，并与其他人融洽地合作共事，这就是所谓的"个人魅力"的感染力。

拯救你乏味的灵魂，至少需三步

在一次聚会上，结识了有趣的小李。他是某报社的知名记者，为人开朗、随和，极为健谈，而且很幽默。他总能将极为平常的事情或道理讲得让人捧腹大笑。他向大家介绍自己说："我本来是无写作才能的，做记者完全是被自己的亲爹逼迫的。后来，亲爹觉得他那样逼迫我不对，于是就松口说，儿啊，你如果不想做记者，现在改行还来得及。我就回怼他说，亲爹啊，来不及了呀！我已经无法放弃写作了，因为我现在太有名了。"小李的健谈和幽默，使他成了餐桌上的话语"中心"，大家开始争相地调侃他，而他却总能用出人意料的话语让大家开怀大笑。

看到小李如此"有趣"，坐在他旁边的张健便问他说："李哥，你如此有趣真让我羡慕呀！你看我这个人个性比较内向，又比较放不开，就是一般人眼中的那种理工男、程序员，所以每次跟人打交道，人家都嫌我没意思，也为此到现在都没能找到女朋友。你能否传授我一些诀窍，可以让我变成一个有趣的人？"

对此，小李饶有兴趣地对他说了起来："这个挺简单啊！首先你要对周遭的世界保持好奇，就是别人说什么的时候，你不要总是摆出一副'漠不关心'的冷脸，而是要兴致勃勃地听下去，并给予一定的回应，这样才能让对方觉得你在融入对方的世界！别人才愿意进一步与你交往。另外，就是别人和你开玩笑，或拿你开玩笑，你不能翻脸，要与他们打成一片，你瞧，刚才大家都拿我调侃，我不仅不生气，而且能与他们一起自我嘲解。还有啊，要说出富有新意的话，在生活中你要去主动充实你的思想，比如多读书、多看新闻、多走出去旅行，别整天闷在家里打游戏、刷手机，你的见识广了，眼界拓展了，说出的人与事自然会让人觉得稀奇，那不就变得有趣了！"

如何才能变得有趣，是很多人的疑问。实际上，故事中的小李就给出了答案，只需三点，即一要对事物保持好奇，二要经得起开玩笑，三要丰富思想，就可以拯救你乏味的灵魂。一个人要想变好看、赏心悦目，无非就是通过运动、护肤、学穿搭，但一个人的灵魂若想变有趣，是需要投入一些"智力"因素的。

有人可能会说，要变得有趣，幽默感最重要。的确，幽默感可以提升个人魅力，但幽默并不等于有趣。比如一些相声演员，在台上他能说出让人捧腹的段子，讲出让人开怀的故事，但这样的人在生活中未必是个有趣者。在生活中，也许他们就是一个极为害羞、不善交际、个性沉闷、毫无生活情趣的人。正如一位作家所说，真正的有趣，其实是一个人所展现的与外界相处的特质，而这种特质与一个人的职业、性格内向还是外向毫无关系。它指的是一个人以怎样的态度、眼光、姿态和方式与外在世界进行沟通和相处。为此，我们要做一个有趣者，就要从以下三点开始修炼自己：

第一点，对外界世界始终保持好奇心。

一个有趣者，最大的特点，就是他始终能对外界的保持好奇，正是这种好奇心促使他们去接纳和探索外界的新事物，使自己的人生得到了极大的丰富，与他人交流时，便可以将这些新奇的事与物分享出来，以自己成为人群中的活跃分子。同时，正是好奇心也促使他们能对他人的谈话产生兴趣，让人对其产生好感，进而拥有好人缘。

在一般人看来，师兄刘劲算得上是一个无趣者。在银行上班，每天三点一线式的规律生活，业余时间不是在健身房跑步，就是在住宿楼下做运动。但他有一颗好奇的心。每次与朋友聚会，与人聊到陌生话题，他都会听得饶有兴趣，并且会对诉说者说，"以后再遇到这样的人一点带我见见哦"，"以后去那样的地方，带上我呗"，"真的太有意思了"……他的这些话其实就向朋友表明一点：你的世界我想参与其中，我想融入你的生活……如此一来，你与对方的关系自然就能近一步，时间一久，对方就会把你当成好朋友了。

有趣者，就是在他聊天时遇到了陌生的领域，遇到自己不熟悉的话题，他不会排斥，不会逃避，他会感到好奇并且感兴趣，所以通常有不错的人缘。对于此，从交际心理学的角度分析，交流不仅是两人思维和语言的碰撞，更是两人情绪或情感的互动，你若对别人表现出积极的、热情的、感兴趣的情绪来，那么，对方便很容易能感受到你的这种"积极能量"，进而也会在内心焕发出对你的友善、好感和兴趣来。所以，一个有趣者，首先是"合群"的，而要"合群"，对他人的话题保持兴趣，这是最基本的一点。

当然，在生活中，我们会常见另一种人：

在聊天的时候，大家聊着聊着，聊到了某个事件，结果他却摆出一副"这个话题我没听过，我对某圈子里这些鸡零狗碎的事从来产关心"；

大家再聊，聊到了某项运动，结果他却摆出一副"我从来不做运动，所以也没啥看法"；

然后大家再聊，聊到了去某个地方旅游，结果他却摆出一副"去那些地方干啥，还不如在家待着舒服呢！"

你总摆出一副"你的事与我无关，我不感兴趣""你的生活与我无关，我根本不想参与进去"的姿态来，久而久之，大家自然就会疏远和隔离你。所以，无论在怎样的情况下，都对世界保持好奇吧，它能促使你颠覆你当下的认知，从枯燥无聊的生活中抽离出来，重新去审视生活，发现其中的美好与趣味。那么，久而久之，你就会变成一个有趣者。

第二点，放得下姿态，不会对人或事过于较真儿，所以特别开得起玩笑。

前不久，胖胖哥在朋友圈里问我："我们同单位的人，总是给我起外号，有的叫我胖墩、有的叫我水种（通"肿"），还有的叫我李月半……我苦恼极了，该如何让他们闭嘴呢？"我对他说，胖胖哥，你单位其他同事都拿你开玩笑，说明大家觉得你和善、可爱，这是你的优势呀，你工作能力不强，个人形象又不佳，正好你可以凭借这一点去与大家打成一片，为自己挣一个"好人缘"，说不定以后你会凭此升职加薪呢！起码这也是你在单位立足的机会呀。如果你过于在乎自己的尊严，在大家调侃你的时候，你板着脸去反唇相讥，那么，我敢肯定，不久你就该另谋生路了。

自此，胖胖哥接纳了我的意见。前天他又发来信息：哥们儿，多亏了你的建议，现在的我过得快乐极了，每天都被同事们围着，成了他们的娱乐中心。以前他们给我起外号，我还挺生气，现在我竟然敢自我解嘲了，那位看上去一脸严肃的领导最近竟然也经常找我聊天了。

一个人若要有趣，就要放下自己的身段，别太在乎所谓的"面子"，当大家都拿你"打趣"的时候，你要能融入他们，和他们一起"自我解嘲"，当你开得起玩笑，你周围的人自然就愿意围着你转了。

当然了，这里绝不是让你放下尊严，对他人对你的讥讽、嘲笑逆来顺受，而是对那些无伤大雅的"取笑"别放在心上，对别人的调侃别太过敏感，而是能与大家一起当玩笑般地一笑而过。当别人总爱拿你开玩笑，而你总能与他们一起哈哈大笑，那就意味着你在"有趣"的道路上迈进了一大步。

第三点，也是最重要的一点，就是要充实你的思想。

真正的有趣，并不在于你在网上学会了多少段子，会讲多少个笑话，而在于你对这个世界的用心挖掘。当你的见识足够广阔，思想足够丰富，那你说出的话或事情，自然就会变得新奇，就会有意思，那你自然也就是个有趣的人。而要做到这一点，就要为自己投入一些"智力"因素，比如多读书，多旅行，多融入社会。

以上三点是最直接、最有效的方法，但需要长时间的生活积累和尝试。最后请记住一点："有趣"的灵魂一定是根植于生活的，你需要不断地从生活中汲取营养，同时又将这些"营养"来浇灌你的生活，那么，你的人生定会"枝繁叶茂"，定会与众不同。

第二章

用生活滋养你的 "趣味"：
为你的生活注入 "活力"

　　一个有趣的人，在一个无趣的氛围里，很难掀起什么盎然的浪花。也就是说，你的 "无趣" 很多时候都是因为长期处在单调乏味的生活中，让自己丧失了情趣。所以，想成为一个 "有趣者"，首先要懂得改变你的生活，即自己从乏味、单调、枯燥的生活中逃离出来，通过制造 "新鲜感" 来为你的生活注入 "活力"，让自己变得热气腾腾、充满情趣。同时，当你的灵魂变得富有情趣，你的生活也会变得丰富多彩，整个生命旅程便会变得丰盈而充实。所以，要想培养 "有趣" 的灵魂，就先从改变你的生活开始吧。当你每天开始阅读、开始运动，并且开始给自己做一顿丰盛的餐饭，你的生活便会处处充满快乐，便也意味着你向成为一个 "有趣的人" 迈出了重要的一步。

"有趣"就是能源源不断地制造新鲜感

初中同学陈晨和老公晓阳最近在闹离婚，原因很普通，陈晨觉得晓阳和婚前完全是两副面孔。晓阳也很委屈，觉得陈晨对自己太过挑剔了，自己婚前婚后没什么两样。

那天，被陈晨叫到家里吃饭，其间她向我聊起了晓阳当时追求她的情境。她说，那时候我刚毕业不久，刚到一家单位，就索性在附近租了房子。而当时晓阳是自己的邻居，和自己门对门住着。在陈晨看来，那时候的晓阳干练利落、笑容干净，且极为健谈，关键是他与自己有许多的"共同点"。陈晨清楚地记得那天下班后，晓阳主动找她搭讪，询问她的名字，老家是哪里的，在什么单位工作，有什么兴趣爱好，等等，聊完后，陈晨很是激动，原来他们来自同一个省市，而且两人的兴趣爱好也极为相同。陈晨喜欢跑步，自那次聊天之后，晓阳每天早晨都会去叫陈晨一起去跑步；她喜欢旅游，晓阳也是抽时间尽量去陪他。依陈晨的话来说，那时候他们俩在一起每天都有聊不完的话题，而且陈晨也觉得晓阳是个超级有趣的人，每天都能给他说些单位发生的新鲜、离奇的事，让她兴味盎然。当时的陈晨觉得，这就是所谓的"三观相同"吧，经过几个月的交往，两人便开始谈婚论嫁了。

可是等两人结婚后，随着激情的逐渐褪去，两人之间便越来越没有共同话语了。因为他们原来的那些共同或相似的东西，比如童年回忆、少年学校里的各种经历、单位中曾经发生的那些新鲜有趣的事都聊完了，两人开始过单调无味的"家—单位—家"的一线式的生活。两人原本的那些"共同爱好"也被婚姻中的琐碎给消磨没了，为了准备早餐，她得早早起床，也没心思再去跑步；因为两人共同按揭买了房，经济方面的困囿，也没有能力再出去旅行了。随着压力的增大，晓阳每天回家都不怎么和她说话，更别提讲什么新鲜的事儿了。就这样，一年多过去了，陈晨觉得日子没意思极了，她觉得自己的老公越来越无聊，于是提出了离婚。

其实，在现实中很多人有着和陈晨、晓阳类似的情感经历：两人从结识到结婚前，彼此都觉得对方是"新鲜"的，两人似乎有聊不完的话题，但是随着激情褪去，两人之间的共同点也聊完了，于是便会觉得对方越来越无聊，感情越来越空洞，于是便想着分手、离婚了。所以，即便是两人刚开始经历类似，三观相同，当两人的"共同点"成了基础和日常，生活的平淡没的新鲜感去填充的时候，你曾经觉得的"有趣"，也会变得毫无意思，婚姻便真正地成了"牢笼"。所以，从这一点看，能找到双方的"共同点"和健谈者都不一定能算得上"有趣"的人，真正的有趣，就是能不断地制造"新鲜感"，能从生活的平淡中不断地提炼出"滋味"的人。

提及老舍，大多数人总会第一时间想起他笔下众多经典的文学人物：命运坎坷的祥子，正直善良、乐于助人的李四爷，经营着裕泰茶馆的王利发……他笔下的众生相，诉说着时代的变迁，传递着小人物的喜怒哀乐。然而这位文坛大师，描绘起他有声有色的生活也同样是生动有趣的。

老舍的生活一直不富裕，抗战时在重庆尤甚。那时的他很是关心好友吴组缃先生家养的一口小花猪，小猪病了，老舍建议给小猪吃药、发汗，又专程探病。可以想象，一个大文豪竟然去悉心地照看一头猪，该是多么有趣的一件事。

老舍以写作为业，但他时时"不务正业"，时时制造"新鲜感"，将平凡的生活过得有声有味、有情有趣。老舍先生的儿子舒乙，更是总结出了老舍的十九种爱好："打拳、唱戏、养花、说相声、爱画，画是名词，不是动词，爱画、玩骨牌、和孩子们交朋友、下小馆、念外文、写字、养猫、旅游、行善、给别人起名字、自己动手给人温暖、收集小珍宝，解剖自己……"在老舍看来，生活是种律动，须有光有影，有左有右，有晴有雨，滋味就含在这变而不猛的曲折里。在老舍的笔下，一草一木皆可把玩，平凡琐事都有情趣，他以平和的心书写着世间风景，终于将生活的苦酿成满纸甘甜的余味。

他在散文《文艺副产品——孩子们的事情》《有了小孩以后》记述了不少和女儿小济、儿子小乙之间趣味横生的故事，读来令人忍俊不禁。而小女儿舒立所记录的这段生活趣事，也从另一方面展现出了一个有趣、慈爱又与从不同的父亲形象：

"小学四年级有一次考珠算才得了四十分，不及格。这是我自上学以来最坏的分数，我心里很难过。回到家哭了一鼻子。吃过午饭后，母亲问我怎么了，我不肯说。因为我知道母亲从来要求子女们门门功课百分，这回才考四十分，准挨骂不可……

吃完饭，趁母亲不在，父亲再问我时，我才坦白考试得了坏成绩。父亲听后不但没批评我，反而很幽默地说：'四十分不算少了，我小的时候算术学不会，考试压根本算不上来，尽捡别人的废卷子，签上自己的名字，把卷子交上去，还得不上四十分呢！'一席话说得我破涕为笑了。"

真正的有趣者，在于其有一颗懂生活的心，能将平凡的日子过出"花"来，能让平常的事情散发出"余味"来。正如老杨所说的那样，有趣的人就像尘封的老酒，越相处越有味道。而无趣的呢，就像开了瓶盖的可乐，放到后来，一点儿气都没了。

可能会有人说，"有趣的人"不就是指一个能制造笑点来吗！这其实是一种误解。在现实中，你是否有过这样的体验：你觉得生活乏味极了，于是打开手机视频，看搞笑电影、听逗乐相声，一天开着手机，看看他们，你觉得很开心了，不用费力寻找，你就已经和有趣的人在一起了。如若看腻了他们，换一批就是了，从电视综艺换到网络红人，从国内到外网，总能找到"有趣的人"。然而，当你躺在床上，看了一两年这些"有趣"者，你会发现自己的生活依然是如此地空虚和颓废。回头一想，那些让你哈哈大笑的东西，看与没看，其实没没有多大的区别。反而是越看越无聊，空虚的尽头，仍旧是寂寞和悲观的黑洞，一望无穷尽。

之所以这样，是因为所谓的"搞笑"并不等于有趣。而且，你只是作为接受方，甚至是没有思考的接受和娱乐，感到疲倦是必然的。

真正的有趣，就是能源源不断地为生活增加新鲜感，它是建立在有见识、有学问、有经历、有品位、有创造力的基础上的，你如若不去读书，不思考，毫不讲求生活品位，得过且过，这样是难以成为一个有趣者的。所以，不要再跟着某人去学什么幽默了，还是静下心来去多看些好书，文学、社会学、心理学和历史学的都要去看一点，再去看点好看的电影，多去些你觉得有趣的地方，多与有些有意思的人去接触，当你完成"自我灵魂的丰富"后，你就是一个有滋味、有品位、有趣味的人了。在那个时候，别说什么寻找有趣的人了，其实——哪怕你一个人，也可以过得很有趣。

跳出你的"舒适圈"，激活你的生活

有人说，每天的日子过得真是无聊透顶，每天早起，吃早餐；上班更没有意思，勉强应付工作到下班，到傍晚回家；回到家里除了吃饭、睡觉，便是看电视、盯手机、玩电脑游戏……每天都吃着差不多口味的饭菜，接触着熟悉的人和事，每月都领着差不多的工资，如此重复，无聊的日子似乎没有穷尽。于是，开始会忍不住想，什么时候才能够摆脱这种没意思的生活？你曾尝试着想去改变"现状"，去做一些"不同凡响"的事情：比如主动与多年没联系的同学见面，你又会觉得局促不安，浑身难受；比如你曾想向领导申请要去承担一项新的工作任务，但又害怕把事情搞砸而又放弃，继续在原来的工作状态中"混日子"；你想与爱人来一次浪漫的旅行，但当想到出去要受各种罪时，你又放弃了这样的想法……如果你有以上类似的感觉，说明你已经进入了生活的"舒适圈"中。

所谓的"舒适圈"是指一个人生活在一个无形的圈子里，在圈内有自己熟悉的环境，与认识的人相处，做自己会做的事，所以会感到很活得毫不费力。但当你踏出这个圈子的时候，便马上会面对不熟悉的变化与挑战，因而会感到不舒适，极自然地想要退回到舒适圈内。舒适圈固然"舒服"，但是时间久了，就会感到生活毫无趣味，无聊而枯燥，所以，要做一个"有趣"者，就要敢于从死气沉沉的生活中跳出来，做一点"出格"的、富有挑战性的事情来激活你的生活。

法国作家莫泊桑的短篇小说《在树林里》讲述的就是一对做小生意的老夫妻"寻爱"的故事。一对老夫妻在一起生活了三十几年，两人对那种循规蹈矩的枯燥生活都感到疲惫不堪。于是，老太太便想着是时候给婚姻注入点"新鲜"元素了，便想着到野外的绿树掩映的树林里，回味两人曾经浪漫的起点。起初，老头是不赞成的，认为老太太是瞎胡闹，可经不住老伴儿的软磨硬泡继而妥协。

于是，两人在和风吹拂、青草芬芳中正行恩爱之事。不料被乡政府的农田巡视员发现，鄙夷怒视的目光统统压下来，似乎在说：这么大的岁数还来野外偷情，行苟且之事，真是有伤风败俗。

可当他们知道两人是真正的老夫妻时，是来找寻当年的新鲜感，最后不得不揶揄着笑，内心却啧啧称赞。他们以独特的方式追求和表达着爱，是值得每个人尊重的。而尊重的庄严里，包含着婚姻的忠诚信任和妥协。

将平淡无味的生活注入一点"新鲜"元素，爱情亦会重燃激情，婚姻就会焕发爱意，工作便会充满挑战……如此这样往复，你就会往"有趣"的道路上迈出了一步。

平凡、恐惧、安于现状、得过且过，人一旦在某种特定的生活程序中待习惯了，便会形成"舒适区"，慢慢地，你就会变得依赖，而不愿意飞出去看看，怕看到外面熙熙攘攘的世界，怕接触陌生的人，人生也很容易在无聊的、看不到头的"特定的轨道"上讨生活。其实，人待在"舒适区"本身没问题，就像家一般，温暖舒服，每个人都是有的。但如果家的力量太过强大，如果你放弃了去外面看看的梦想，是挺可惜的。

今年42岁的刘聪正值事业的上升期，可他最近他做了一个"疯狂"的决定，放下他薪水优厚的记者工作，开始他的环球旅行计划。朋友问他："是不是心血来潮，那么好的工作都给辞掉了，白努力奋斗了那么多年！"上司不解："你挣得也不少，工作得好好的，为啥一下子'想不开'呢？"

刘聪有他自己的理由:"我工作不错,赚钱不少,每天都过着无比单调、无聊的生活,这样的生活根本不是我想要和向往的。我一直想去旅行,打破我当下的生活,但心里走出去了一万次,脚步却仍停在原地。这是在他精神溃崩时所做的一个极为仓促的决定。因为在某个午后,他扪心自问:这样活着真的值得吗,如果有人通知我今天的死期到了,我会后悔吗?"

对于刘聪来说,答案是十分肯定的。虽然他有稳定的、良好的工作、美丽的妻子、可爱可敬的亲友。他发现自己这辈子从未干过一项惊心动魄的事,他的人生太过平顺,从来没有经历过高峰或者低谷,在"舒适圈"待久了,会感到自己的生活和人生毫无意义可言。他曾为了自己异常懦弱的上半生而痛哭流涕。

一念之间,他决定要去做他这一生最想做的事情,那就是突破自己的"舒适圈"去实现他多年未曾实现的愿望。他先选择了西藏作为最终的目的,借以象征他要战胜内心恐惧的决心。在旅行期间,他也不断地反省自己和突破自己,他到了埃及,去了苏丹,去了澳大利亚、新西兰,之后又去新、马、泰、日、韩等国家,一路上,他与陌生的人交流,接触之前从未接触过的事,这都让刘聪的生活充满了活力。这种全新的生活方式彻底地激发了刘聪对生活的全新理解,他开始变得淡然,不再为去计较生活琐事,不再为他人的种种不当行为而耿耿于怀。这次旅行,不仅使他的心胸变得宽阔,而且他觉得自己对生活的认识提高。他曾对朋友说:"那三个月的经历,像一个淘气的孩子搞了一次恶作剧一样,新鲜而刺激。并且有了这次经历之后,一切在他眼里就如同儿童眼里的世界,一切都充满乐趣,也不自觉地清理了原来心中积攒多年的'垃圾'。"

在现实中,当我们的脚步被固有的生活模式所束缚时,当你的内心被难以摆脱的压抑和烦躁所缠绕时,当你感到自己的全身像裹了块湿布一般，工作效率低下，整天郁郁寡欢，做什么事都力不从心。这个时候，我们就应该主动地放下原本的工作或者生活，去寻找另外一种新的生活，使自己的心灵获得解脱，以更充沛的精力回到原有的生活上来，以焕发出对生活的热爱和激情。

想变有趣？先充实你干瘪的灵魂吧

无趣者都有一个特点，生活枯燥乏味，和他们聊天，你会发现，他们身上像泼了一层油，无论你说的事情有多新奇、好笑，他始终表现出一脸漠然来，更无法感同身受地体会你的喜怒哀乐，更别说让他进入你的世界。

我的一位同事，一个30多岁的人，从学校毕业后，就没有看到他身边有女人，更别说女朋友了。

全家都为他的终身大事担心不已，为他安排了很多次相亲。每次相亲刚开始的时候妹子还愿意和他出去，毕竟他长相俊朗，而且有一米八的身高。但到后面后，女孩子都不愿意和他继续交往下去，原因就是太过无趣和无聊。

我也常常观察，发现他除了工作之外，每天都在家里追电视剧，业余时间基本不出门，平时也不爱与人说话。每次我与他聊天，无论说的话题有多新鲜有趣，他都是一张冷脸，对周围的人和事完全不感兴趣。

如此沉闷的生活，使他至今仍旧是单身。

我还有一个女性朋友，自己是搞艺术的，开了一家雕塑馆。从外面的长相到内在的气质，她都能称得上美女。

她曾告诉我，周围追求她的男人有很多，但她丝毫看不上眼，所以至今仍旧保持单身。

刚从学校里出来时，她说她找男朋友一定要帅气的，最好是高大强壮。后来，她真的遇到了一位高挑强壮且英俊的帅哥，可是两人相处不到两个月便分手了，她给出的理由是，这个男人太无趣。他下班回家只知道玩手机，在家休息的时候也总是低头刷手机。每天晚饭后，她让他陪自己去散步，他却表现出极不情愿的样子；我回家讲有趣的事给他听，他却完全听不进去，只是"嗯、啊"地敷衍；让他带自己去旅行，他却说外面太冷或太热，出去花钱不说，还受罪，不如待在家里舒服，可待在家里他也只是全身心地玩手机。

每天回家聊天，他只会不断地抱怨他的工作有多难搞定，抱怨他的同事有多难相处。

就这样，我的那位女性朋友很快便结束了这种沉闷无比的爱情。

可她本身就是一个"有趣者"，她除了每天坚持阅读和健身之外，还经常去养老院做志愿者，偶尔会外出旅游，还会抽出时间去学英语。

她说，和一个对生活表现迟钝的人在一起是一种折磨，是在浪费时间，她说那位前男友完全不懂得什么是有趣的生活，他说的那些无聊的话题她也完全不想听。

但是就在她分手六个月之后，她遇到了一个极有趣的男性，他们之间似乎总有说不完的话、聊不完的话题。他们有共同的爱好，那就是去健身房锻炼，两人都喜欢看电影，也经常结伴出去旅行，她喜欢他所喜欢的，而他对她的爱好也都充满兴趣。

那个时候，她爱他的灵魂，虽然他不英俊，身高和她差不多，而且他还是一家普通公司的普通员工。可他的灵魂太丰富了，无论什么样的话题，他都能与你聊上一阵，并且提出十分新颖的见解。而且，他说话的方式真的太过幽默，让人时时充满快乐。

由此可见，一个无趣干瘪的灵魂，有多么地不招人待见，而一个有趣的充盈的灵魂对异性有多么强的吸引力！实际上，很多人的无趣，在于内在的见识、知识太少。一个人要想变有趣，首先要不无聊。而这就需要你有一个极为广泛的知识，这样才能保证你与他人有话题可谈。

如果你经常读书，经常去旅行，那么你绝对不会无聊，因为你有见识，有极强的洞察力，那么你与他人在一起时也会有话题可聊。不可否认的是，多读书、多出去走走、多去接触不同的人，这三步是增强你个人认知的最快的方式。你觉得与他在一起会变得局促不安，你觉得与他人在一起无话可聊，是因为你看得太少、经历得太少。

另外，"有趣"中包含了一个极为重要的元素，那就是意想不到的惊喜。要使你说出的话有趣，就不要遵循固有的逻辑。就是说，你接下来要说什么，要表达怎样的观点，别让他人轻易地预测或猜测到，那样会变得无聊。比如，你调侃自己减肥失败，与其对人说："我再怎么减，都依然在肥！"不如说："我在变瘦的路上一路狂奔，却不小心变成了一棵多肉植物！"比如，你调侃自己智商低，与其对人说："我智商不在线！"不如说："在这个世界上，总有许多事情无法解释。比如别人吃饭长智商，而我却吃饭长脂肪！"

当然了，要使你出口的话富有想象力和创造力，那就需要有跳跃的思维力。但是如果你知道的东西不多，见识不足够丰富，那么你就很难有想象力和创新力。所以，要变得有趣，就去用书籍和见识去充实自己吧，当你的干瘪的灵魂变得足够充盈，当你的见识和阅历足够丰富，你就有了变"有趣"的内在资本！

当时代抛弃你时，不会跟你打招呼

　　一个人个性的"无趣"还源于对周围的世界缺乏好奇心，丧失了向上奋进的动力。你是否有这样的体验：每天上班只是为了应付工作，然后等待下班，对曾经热爱的工作再无半点热情和激情，只是浑浑噩噩地过生活，完全没考虑再去多学一项技能或技术。这样的我们，对新生事物反应迟钝，缺乏求知欲，一方面会让自己丧失诸多机会，另一方面也容易让自己对生活或未来充满激情，使日子死气沉沉，毫无生气而言。

　　张靖在公司已经待了近5年了，他每天都是按部就班，每天下了班就是躺在床上追剧、玩手游，日子过得极为舒适。他的妻子是一家信息公司的职员，因为每天都会接触大量的新消息，观念也比较新。于是，她经常劝张靖去学习，去提升自己，可他丝毫不放在心上，每天只是沉溺在自己的一方天地里，只是不断地重复陈旧的日子，毫无激情而言。

　　在这5年时间里，他见证了公司的成长和同事的离别，也因为资格最老而且对公司的业务最为熟悉，所以上级便破格提拔他为主管，为了庆祝升职他还请同事们去吃饭，并且在饭局上向其他人炫耀自己的能力是如何地出众。

　　自此之后，张靖就开始带领他的团队"混"日子了，每天大家都是疲于应付工作，毫无上进心，在这样毫无氛围的团队里，张靖依然维持原样，生活毫无激情，亦完全没有危机意识。而就在今年，公司为了提升生产率，引进了新技术，而且要重新配备相关的技术人员，同时也将淘汰那些旧技术，对那些毫无特长的、思想陈旧的人员要裁除掉。这时，张靖才如梦初配，知道自己的职业生涯要终结了，也就是在那一刻，他才后悔自己白白地浪费了 5 年的时光，工作上没有任何成长，也无学到任何新的技能。

这个世界瞬息万变，当时代抛弃你时，根本不会跟你打招呼。马云曾经说过：在不久的将来，90％的工作将由人工智能来取代，人们将会集体失业。对于马云这语出惊人的话，很多人都抱着一笑了之的样子，可随着社会的快速发展，时代瞬间改变，人工智能在很多领域慢慢已经开始取代人类。所以，我们要对周围的世界保持好奇，并且勤于学习，多接纳新知识和新技能，这样一方面可以充实自己的生活，丰富自己的人生，让自己富有"情趣"；另一方面还可以不被社会所淘汰。

在现实中，很多人看似也挺"上进"，觉得应该接触新知识，于是你跑到书店买了一大堆书，但书刚翻开还未读一页，然后便拿起手机，各种角度地拍照，在朋友圈里显摆了一个多小时。

你觉得该主动去习一门外语。于是，你报了个外语班，但刚坚持了几次，便以各种理由放弃……

我们总是这样，一边焦虑不安地为自己的未来担忧不止，又一边心安理得地"混"日子，最终被淘汰，才对虚度光阴的时日懊悔不已……

今年 28 岁的刘颖是从公司基层，一步一个脚印地做到主管的位置上的。如今的她，有经验、有干劲，是许多新员工学习的榜样。但是，每次公司给新员工做培训，她都会参加。而培训老师都对此很不解，问她："以你现在的经验和能力，可以胜任部门中的任何一种工作，为何还要委身来听新员工的培训课呢？"刘颖说道：

我虽然有经验，但很多时候工作却容易被经验思维所束缚，为此有时候提出的方案也有点太过老套，我来参加培训，最主要就是抱着一个学习的态度，来看看年轻人的思维方式和做事风格是怎样的。

其实，刘颖的工作能力超强，她提出的很多新颖的方案已让许多员工望尘莫及。但她从来不摆领导架子，总能够俯下身去仔细聆听员工们的想法，并向一些思维活跃的年轻人去学习，努力地接纳新鲜事物，这也是她能成为单位中升迁最快的员工的原因。

其实，当一个人开始故步自封、拒绝接纳新鲜事物，并且对那些硬生生地闯进其生活中的新鲜事物嗤之以鼻，或者想改变自己，却因缺乏毅力而不愿去花费精力时，那就说明他的生活开始变得"无趣"了。要知道，时代在瞬息万变，身边人的人都在你追我赶，你如果不更新自己，迟早会被别人甩在后面。当你对周围的新事物开始感兴趣，你就会对其投入足够的激情和热情，那个时候，你的灵魂便不容易变得干涩，你的生活才会更有温度。同时，只要不断地去尝试新鲜事物，勇于更新自己，你才能在任何时代、任何境地都活出自己的精彩。

让生活成为生活，而不是简单的生存

曾看到一句话：一个人最糟糕的处境不是贫穷，不是病痛，更不是失恋，而是他逐渐被生活磨成一个无趣的人，自己却浑然不觉，依旧过着乏善可陈的日子，聊着经年不变的话题。这样的无趣者，往往将生活看成简单的生存：吃饭是为了不饿，所以不必讲究色香味；穿衣是为了保暖，所以不必讲求搭配、比例和美感；工作是为了维持生计，所以得过且过混日子，只要不被开除即可……而有趣者，则将生活当成一种心的历程，一种五颜六色、五味杂陈的体味，即便是在困境中的挣扎也会让其绽放五彩的光色。

柳姑娘，明明做着自己不喜欢的工作，既不打算另找工作也毫无毅力去学习新知识进入新行业，天天抱怨工作无聊，一发动态全是满满的负能量。不是半夜发张自拍配文"好烦睡不着"，就是大中午的发一段埋怨工作累、埋怨同事难相处的话，再不就是转发一些老掉牙的心灵鸡汤，什么"某某中学辍学照样可以成名作家，谁谁没读大学照样成富翁，所以读书根本没什么用"成天各种转发。此外还做起了微商，在朋友圈里天天发她的产品和各种广告，令人烦不胜烦。

除此之外，柳姑娘的生活亦别无其他内容。偶尔问及她的情况，她是经年不变的内容：就那样呗！

她的生活，已经变得越来越乏味，贫乏到不再因为天气晴朗而兴奋，因为收到意外的礼物而感动。20 岁出头的年纪，却活出了 80 岁的沧桑感：懒得去运动、懒得去读书、懒得去郊游，从来不努力却总是对周遭的一切不顺境遇抱怨连连。

总之，柳姑娘韶华正盛，面容姣好，却是一个无趣的人。

而另一个姑娘梅姑娘，温暖得像一颗小太阳，让人不自觉地想靠近。

梅姑娘特别爱笑，开心起来整个人都是神采飞扬的，她本人像个能量"火球"，无论走到哪里都能带给人热情和快乐。更难得的是，梅姑娘经历了许多人生挫折和不顺，比如她曾经因为太过冷僻的专业而长时间地找不到工作，家里的父母时常有病在床，她却表现出一副乐观的样子，时常以自嘲和幽默的方式重吐槽自己的遭遇，明明很悲伤的故事让人听了却会捧腹大笑。比如一天上班路上，她新买的电动车被一辆汽车给撞了，幸好她本人没受伤。当时她本人一边查看那辆崭新的电动车被撞后的残骸，一面对周围的人说：

"唉，我以前总说，有一天能有一辆摩托车就好了。现在我真有了一辆车，而且真的只有一天。"逗的周围的人哈哈大笑起来。

的确，梅姑娘无论遇到怎样的不如意，都能将不愉快调剂成小插曲，她的这种幽默乐观的个性到哪里都招人喜欢。如果你翻看她的朋友圈，能感受到她满满的正能量：和一位精神病人能聊一下午；她是如何悉心照料被邻居扔掉的快枯死的盆栽；她是如何在运动场上和一位长相英俊的男性搭讪并顺利要得联系方式；在老家和爸爸一起到河边捕鱼的场景……

梅姑娘长相普通，却活得格外漂亮开心。有趣的她，当然也得到了身边很多人的青睐，他与朋友分享自己是如何同时应付和拒绝几个追求她的男生的，就连幸运女神也似乎格外地眷顾她，在她身上总能发生美好的事情，她的生活明媚如歌，让人不由得想走进她的生活去感受她的那份喜悦。

以上的两个姑娘，可能多数人会喜欢和后者交往。因为后者更为幽默有趣味，对生活时常怀一颗好奇之心：擅长去发掘有趣，乐于去展现美好。这样的人，如阳光一般，照亮自己也温暖别人，怎么能不招人喜欢呢？

不可否认，做一个有趣者，首先要懂得对当下的生活充满希望和渴望，对生活抱有十足的兴趣，这样才能使自己散发出光和热去照亮和温暖他人。为此，你要学会去喜欢自己所处的地方，无论它是繁华如梦还是荒凉如坟；你要用心去活出独属于自己的那份精彩，哪怕是一碗米饭一块馒头，皆让它焕发生活的颜色。无论在怎样的境遇中，你可以一个人好好地享受周末暖阳里的下午茶，每周抽出一天的时间为自己做一顿色香味俱全的饭，将家里打扫得干干净净，再在窗台上摆放一束鲜花……当你乐意去发现生活中的各种细小的动人之处，无论是角落里蜷缩着睡懒觉的猫还是晾在阳台的各种颜色的袜子；当你习惯性地用幽默和微笑去应对生活的一切难题，在忙乱中依然可以认真地给门前的花草浇浇水，趁着天晴晒晒被子；当你在朋友圈里发一些有趣的温暖的内容，在情绪低落时翻看让人忍俊不禁……

你会发现，你已经跟之前的自己截然不同：原来生活还可以这样活泼有趣，还有那么多值得期待的事情，还有那多么美得让人心醉的地方没去，还有那么多独特的人未见，还有那么多新奇的小事，原来就发生在自己身边……

你会发现，自己已经在不知不觉中，活成了自己所期待的样子，那种明媚如画的样子。

别千篇一律，偶尔也可以"出点格"

很多时候，我们的"无趣"在于生活太过千篇一律，也就是说，外在沉闷的环境或事情也会使我们的灵魂变得麻木，对生活丧失激情。比如常被工作缠绕的我们，每天一下班回家倒头便睡，在单位也只是做着机械的工作，在平时毫无闲暇自由时间；被父辈"安排"好的人生，一眼能看到头的生活……我们也想把日子过得活色生香，但出于各种压力，我们只能将生活变得"千篇一律"。实际上，任何人的人生和生活都是自己的，过成什么样，关键在于自己的选择。有人将"紧迫"的日子过成了"千篇一律"，而有人则通过偶尔的"出格"，使人生变得与众不同。

读《论语》，也许会觉得孔老夫子是一个无趣的人，可是，你若知道他和他的学生讲话是那样的幽默，见到美人南子时竟然俯下身子去吻她的鞋子，就会明白所谓"圣人"者，却也竟是一个性情中人，一个有趣的人。

有趣的人，未必有多么显赫的声名，但肯定是心胸豁达，敢偶尔"出格"之人。

晋人王子猷居山阴，一晚忽降大雪，子猷被冻醒，便索性来到院子中边饮酒边观赏雪景，不由得心绪起伏，吟起诗歌来。

国学大师、楚辞泰斗文怀沙老先生，快一百岁的人了，却偏偏喜欢穿大红大绿的衣服，戴着能盖半张脸的大墨镜，比小伙子还时髦，每一次出席活动，必要求主持人介绍他是"青年诗人"，一发言便引经据典、插科打诨，逗得满堂喝彩。见到美女，不仅两眼放光，用尽"花言巧语"去赞扬，而且还想办法去亲近，他在哪儿，哪儿就热闹。

一个朋友叫高俊富，他虽然没有英俊的外表、富有磁性的声音，甚至看上去有点像个发了福的中年老流氓，但论个人魅力，他却不输给任何一个外形俊朗的男性，这主要是他有一个有趣的灵魂。

他性格随和，善开玩笑。他经常调侃自己"矮矬穷"，是"高""俊""富"的反义词。在任何时候，他都敢于将自己的美和丑都显露出来，不需要看任何人的脸色，也不需要在意任何人的看法。这就是他个性中的张扬和轻狂，让周围所有的女孩子都特别爱与他聊天。

同时，他还极有个性，勇于去做自己喜欢的事，并且为自己的梦想奋不顾身。出身于书香门第的他，一直被父亲期盼成为一个学者，可他却偏要做懂点文学常识的艺术家。妈妈为他安排好了所有的人生轨迹：名校中文系本科毕业，接着读研，国外留学，回国做一名有名望的学者。可他却决然地在本科毕业后去学了音乐，他接受不了被规划好的人生。

在学校里，为了追到心动的女生，他天天抱着一把吉他在姑娘的宿舍楼下唱情歌，吵得宿舍阿姨让学校的保安将他强行拖走；在毕业后，家里人让他读研究生，但他拒绝。于是，母亲告诉他，给你一年的期限，如果你能靠音乐去养活自己，便可以不去读研。高俊富拍掌一声叫"好"，于是他关上门，在家里酝酿了几周，写出了首歌，便抱着吉他去天桥下卖唱。因为他的歌是原创作品，很快被网友传到网上，很快被知名音乐人看上，邀请他加入自己的乐队。在他的音乐事业起步时，他却放弃了，因为那时的他有了另一种想法，他要到丽江去开酒吧。"年轻，就要敢作敢为。年轻的时候就要有点热血和激情，个性和张扬。"他曾这样激励自己。同时，他也勇于承认那个时候：彪悍勇猛，简单直白。

也许是因为觉得自己的见识不够，格局太过狭小，也许是三十余年的沧桑岁月起起落落让他想尝试新的生活方式；也许是世界那么大，他也想去看看。于是，在他32岁的时候，毅然背起行囊穷游了三十多个国家：在美国1号公路极速地飞驰，在斯德哥尔摩海湾接受落日的洗礼，在撒哈拉沙漠中体验无亘的壮阔……

敢于舍弃眼前的安逸去远方体味不安的人，思维会开拓，眼界会广博。古人说：读万卷书，行万里路，不是没有道理的。在历经岁月洗礼之后，仍旧怀有一颗赤子之心，说的就是他。

高俊富的人生是极富有张力且富有情趣的，这样的人有内涵、很健谈、懂幽默，人缘自然是不会差了。

其实，有趣者，敢于打破一成不变的生活，他们的思维绝对不是呆板和僵硬的，他们都极善于去细致地观察生活，对周围的人与事都始终保持着极大的好奇心，所以他们敢于突破自我去探索新的人生目标和生活方式。同时，他们也非常喜欢对身边发生的事情进行深入的思考，因为平时日积月累的观察力、好奇心及思考力，即便面对突发事件，他们往往也能够做出极为机智的反应。

如果你目前不具备这样的特质，那么不妨结合自己平时的表现认真地思考如下的问题：

1. 你平时是不是对身边的人和事都不够关心，觉得很多事情与自己都毫无瓜葛？

2. 当你看到一些特别的人或特别的事情时，是不是根本没有耐心去认真地思考？

平时你也可以在这些方面努力一下：

1. 不妨对周围的人或事多做一些了解。很多人，如果你不去用心接触，你就不会发现他们的友善；很多事情，如果你不参与其中，你就无法体会到其中的乐趣。

2. 人生中有许多有趣的人和有趣的事，往往难得一遇，如果你有幸遇到，不妨静下心来去思考、去品味。思考得多了，品味得深了，无形之中，人自身的人格魅力及待人接物的能力便会大大地得以提升。

同时，要勇于突破一成不变的生活需要有一个豁达的心胸。实际上，心胸的豁达，不仅可使你变得有趣、充满吸引力，还可以帮助你解决生活与事业中的种种难题。生活中的许多难解之事，遇到这种特质，即便不会迎刃而解，至少不会让你的心陷于困顿之中。

当你变得有趣，你就会发现周遭的人都会觉得你极富有吸引力。没有人不喜欢有趣的人，没有人不想体验有趣的事，愿你早日成为极富吸引力的"有趣界"人士。

若没点"兴趣"，你的人生该有多乏味

小伍最近总在朋友圈里发牢骚，说工作太难找了，那些面试官似乎都不懂得"识才"，自己起码也是名校中文系毕业，虽然不怎么会写文章，但是一些与文字相关的工作，自己还是完全可以胜任的。

我问她："面试官都问了你什么？"

她说道："第一个问题都是问我是否写过文章一类的专业性的问题，接下来都会问我的兴趣和爱好是什么？"

我接着问："你是怎么回答的？"

接下来，她给我写了一大长的文字，大致地描述了她在课余时间和假期的日常，总结起来就是：白天追电视剧、玩游戏，晚上继续刷手机、看电视剧。

我对她说："人家没选上你是对的，如果是我，我也不会选你！"

她有些吃惊，连发几个惊叹号过来。

我告诉她："你找的工作与写作密切相关，你平时就干那些无聊的事，没有任何生活体验，怎么能写出有价值的文字来呢？"

有人说，一个人所从事怎样的工作根本难以体现出其价值来，但你私下里的兴趣和爱好，往往能让人评估出你的潜力来。这话虽然不一定正确，但至少说明了，一个人私下里的兴趣和爱好对其人生的重要性。

有句话是说，男人十年八年后的境遇，大致可以通过他微小的习惯来预测；女人三年五载之后的模样，大致可以通过她平时的兴趣消遣来展望。这就从一个方面反映了兴趣和爱好对个人潜力的重要性。

另外，生活不仅因为你有严肃的内涵而变得庄重，也会因为你有丰富的兴趣而变得多姿多彩。假如生活只是吃、喝、睡以及工作，那是乏味的；假如人生是一根时刻绷紧的弦，那也会令人窒息的。事业在人生中不可或缺，但同样，生活中也应该有自己的兴趣爱好。当然，如果你的事业刚好与你的兴趣爱好是一致的，那么，你的人生将会是无比幸运的。而如果事业与兴趣无法重叠，那么你也去坚持自己的兴趣或主动去培养自己的兴趣，否则，你的生活就会少掉许多光彩，甚至变得乏味。

纪录片《我在故宫修文物》讲述了故宫里的几位文物修复师的日常工作。在这些文物修复师里面，有一位人气极旺的修复师就是钟表组的王津师傅。在整个故宫，现在仅有的两位宫廷钟表修复师，一个是王津师傅，另一个就是他的徒弟亓昊贾。他们师徒二人历时8个月才将乾隆皇帝锁仓的铜镀金乡村音乐水法钟修复完毕。精巧的制作工艺令人赞叹，走时功能与演艺功能兼具，布局合理的农场，错落的房屋，栩栩如生的各种动物，如啄米的母鸡、吠叫的家犬、在水中优雅旋颈的天鹅等。无处不彰显宫廷钟表的尊贵和稀有。

面对记者关于"如何才能坐得住"的提问，王津师傅说："如果自己觉得坐不住，那还不如改行。如果越干越有兴趣，才能坐得住，才不会觉得枯燥，才能一直干下去。如果越干越没兴趣，这活就越干越没劲，弄不好在心情烦躁的时候，原来的毛病没修好，还会再添一些新的毛病。"而他带了10年的徒弟亓昊贾则说，其实在前5年，自己也曾经无数次地想离开，内心很是挣扎。过完最为难熬的5年，就明白自己应该怎么去做事了。亓昊贾甚至说文物就像人一般，是有品格的。

修复文物是穿越古今，与百年之前的人对话的一种特殊体验。王津还说，回顾过去，感觉这一生过得真快，人这一生，工作几十年，其实就算倾尽全力也干不了几件精品，想想还是挺遗憾的。

无论是王津在修复钟表过程中精益求精的追求，还是亓昊贾所说的文物的品格，其实都是源自对工作的敬畏之心，正是由于这种敬畏之心，他们才能让我们以及子孙后代欣赏到那部音乐水法钟令人叹为观止的走时表演，他们才能在旁人看来枯燥的工作中享受到自己独有的乐趣。

兴趣是一个人充满活力的表现，是一个人经常趋向于认识、掌握某种事物，力求参与某项活动，并且有积极情绪色彩的心理倾向。例如对绘画感兴趣的人，就把注意力倾向于绘画，在言谈话语中也会表现出心向神往的情绪。一个人在自己的生活里，是否有兴趣爱好，是大不相同的。怀有浓烈的兴趣爱好，可以感受到生命的可贵和可爱，可以让人感受到生活的"七色"，可以化为精神的欢悦，反之是难觅生活的乐趣。如果说，事业是生活的主色，那么兴趣爱好无疑是不可缺少的辅色。

《别闹了，费曼先生》中有这样一位科学家，他对所有关于动脑筋的事情都充满兴趣，魔术、开锁、解密码、猜谜语、心算等，对兴趣的不断追逐，让这位怪才的生活成了无数人的梦想。

要做个有趣的人，首先要觉得世界有趣，而兴趣和爱好则可以激发你对周遭世界产生"趣味"，让你变成一个专注的、热爱和享受生活的人，是一个人变得"有趣"的基础。

幽默可以为你罩住"生活的苦"

一个幽默者，必定是"有趣"的。一个人若能在各种场合，能在冷峻的环境中轻松地插科打诨，逗得大家眉开眼笑或捧腹大笑，那该是多么有趣的事。

朋友虹姑娘是个乐天派，每天都乐呵呵的，貌似没有什么忧愁，或者说那些生活受的挫折在她眼里不过是可以靠"哈哈"一笑便可以化解的调味剂。

前段时间，因为吃坏东西，我患了急性肠胃炎，上吐下泻的，折腾了一个礼拜才好。而那天正巧虹姑娘打电话过来，我就顺便向她诉苦。

她竟然说："真是羡慕你，可真够幸福的！"这种非但不同情反而幸灾乐祸的语气，让我有些生气。她可能听出了我语气中的愤怒，便接着说道："嗨，我是真的羡慕你，你一定瘦了，对不对？"

"对！掉了五斤。"我说。"那就对喽，这一星期我是天天上健身房，吃减肥餐，一个月才瘦了不到二斤，而你一周时间在床上躺着竟然就瘦掉五斤，多幸福啊！"

挂上电话，我原本不太高兴，但被她的幽默给逗乐了。这也让我想起了不久之前，她骑脚踏车摔跤，撞断一排门牙的事。

那天她满口是血地给我打电话，让我陪她去医院。在医院里，我觉得她会难过。不料，她却乐呵呵地上来安慰我道："别丧着个脸，能不能高兴一点，为我终于摆脱了那两颗难看的大门牙的纠缠……"我惊愕，她竟然对我说："我那两颗门牙正好不齐，我正愁如何解决掉它们呢，这下正好可以换副漂亮的假牙了！"

那阵子，她还四处龇着牙，得意地向周围的朋友献宝呢："不看开，又能怎样？断了已经断了，摁得回去吗？"

还有一次，虹姑娘的小表弟因为脑震荡住进了医院，在检查的时候，发现脑中有个血管瘤，便想立刻动手术切除。据说，她去医院探视，看见表弟沿着前额发线一圈刀疤，被医生缝得活脱脱地像个大写的"M"，她说："哇，缝得这么整齐的'M'，可以作麦当劳的广告了。"搞得刚做完手术的表弟大笑起来。她又说："真是可惜！要是换成我车祸该多好！正好借机会拉皮。"

虹姑娘常常规劝单位中那些看上去极为严肃的人："姐们儿和哥们儿，何必活得那么紧绷，快活一点不好吗！"的确，她活得足够乐观，无论遇到怎样的挫折和不幸，她总能智慧地转悲为喜，总能适时地在一汪清水中激起点点的涟漪，使得平日里琐碎的生活更添几分韵味与情趣。

是啊，当你遇到生活的不幸或磨难，你哭天喊地又怎样，你怨天尤人又怎样，最终还得去面对。与其悲苦地去收拾残局，不如从苦中撷取欢乐，以嬉笑欢快的方式潇洒挥手让它过去。

一位哲人说过：幽默是我们最亲爱的伙伴。一个人的生活中若没有了幽默，生活将会变得单调而缺乏色彩，岁月将会变得枯寂、干涸。幽默给予我们的是源源不断的甘泉，它滋养着我们的心灵，润饰着我们的生活。它使我们在黑暗中看到光明，在绝境中看到希望；它是寒冬里的一盆炉火，它是窘迫时的一个笑容……幽默美妙而又神奇。当然，人的幽默感，多源于其对生活的机智的感悟，是一种智慧的表现。

与人意见不合，两人吵得快翻脸了，不妨找个机会来点幽默，便可以化干戈为玉帛。

与爱人发生冲突，到了快要提分手的地步，不妨找个机会用微信发个笑话，便可能挽留一段感情。

一群人相聚甚欢，但你的颜值、财力都处于下风，这时不妨来个搞笑的段子，那可能会使人对你刮目相看，你也可能会成为人群中最受欢迎的那一个。

……

有人说，幽默自带一股拯救的力量。生活让你出糗的时候，让你难堪甚至不堪忍受的时候，你要做的就是欢乐地向它做个鬼脸，那你的生活处处都会焕发出快乐的"氧离子"。

幽默者不仅富有智慧，而且心胸宽广，所以在尴尬来临时，他们会运用"自嘲"来圆润地化解。

晋代文人刘伶长得瘦小干巴，其貌不扬。有一次他喝醉酒之后，与人发生冲突，那人挽起袖子伸出拳头准备教训刘伶，刘伶也把衣服撩起来，不过他不是来动武的，他露出狰狞可数的一排排肋骨，慢条斯理地说："你看看，我这鸡肋骨上有您放拳头的地方吗？"那人大笑着离开了。

孔子在周游列国时，一次与弟子们走散，便独自在东门外彷徨。子贡到处找老师，有一个人告诉他说："东门外站着一个人，看上去就像丧家之犬的那位，是不是你的老师啊？"子贡找到孔子并且转述了那人的话，孔子苦笑着说："是啊，我确实像条丧家之犬啊！"

单位的一位同事即将谢顶，别人是不敢说什么，但他自己哈哈一笑："我这是聪明绝顶，找东西不用打灯笼，光可鉴人啊！"

一位同学与人发生了争论，情绪有点激动，措辞生硬，声音极大，对方已显出不悦来。他赶紧幽默地调侃一下："对不起，我这个人容易激动，刚才的我像不像一只斗鸡？"

一位朋友在调侃自己贫穷的状态时，自嘲道："我是'白领'，但'白领'还有另外一层含义，月头发了薪水，交了贷款、水电煤气费，买了油、米和泡面，再给孩子寄去学费，摸摸口袋剩下的钱，感叹一声：唉！这月工资又白领了！每次看到同事的钱包像朵花，每次翻开都让人满脸微笑，自己的钱包就像个洋葱，每次打开都直叫人泪流满面！最后实在不好意思用钱包了，干脆就直接在口袋里掏钱，有时洗衣忘记清空，过一段时间又发现，还真是一个惊喜。"

自嘲就是将自己的丑或不堪展露给别人看，这是一种极高明的化解尴尬的方法。因为对手再怎么招人烦，看到你的"丑"后，便会自动闭嘴；如果遇到的对手脸皮比较薄，还会反过来安慰你。

在社交中，人们总喜欢将自己美好的、精致的一面示人，但如若你一反常态，通过幽默的方式将你丢脸的、可笑的、自卑的一面展示出来，那么一方面展露你大度的胸怀，另一方面也会让人在快乐之余，对你产生好感。

生活不易，人生也不会一帆风顺，与其凄凄惨惨地在悲苦中自怨自艾，不如来一点幽默，用自嘲去抵挡命运偶尔的悲和苦，那么，你的生活将会充满"欢乐"。

旅行，是人生的一种"扩张"

一个有趣者，必定是有内涵和有深度的。一个人若要想快速地充实自己的灵魂，除了多读书外，还可以借助旅行的方式去实现。当你每天对着越来越先进的通信设备，看着身边车水马龙灯红酒绿，让你的感官越来越麻木，灵魂越来越乏味，你不知道这麻木的生活有何意义，也记不起自己多年前的铮铮誓言。那么，你就抛开一切，背上行囊来一场说走就走的旅行吧！

过年的时候，家庭聚会聊天，大家都计划着第二天过了春节的一次旅行，我的一位堂弟说，"我想去厦门或者扬州！"而同桌的一位亲戚姐姐说，"真羡慕你，我都不敢一个人去外地，老板让我去外地出差我都唯恐自己走丢了不敢去，你说外地有多乱呀，经常有……"说实话，我的这位姐姐今年35岁，要不是曾和我一起坐火车去过一趟省城，她都不知道火车该怎么坐！每次与她一聊天，总是会皱着眉头说，"听谁说那个地方超级不安全，哪个地方的人素质不怎么样！哪个地方经常宰客，我可不敢去！"在她眼里，这个世界处处都是不堪的。现实中的她当然也是十足的无趣者。她这大半辈子过去了，除了在单位混日子外，回到家里就是围着灶台和孩子转，目光狭窄、遇事毫无主见，每次遇到丁点儿事情便觉得不得了了，每次都跑回娘家来让家里人帮着出主意，于是经常逢人就抱怨自己的不如意，比如说孩子怎么怎么不听话，学校的老师怎么怎么散漫、不负责任，老公怎么怎么不关心她，貌似全世界都对不起她似的……总之，满满负能量。

而我的那位爱旅行的堂弟，听到我的那位姐姐那么说，他只是笑而不语。我问他："你为什么不告诉她，外面的世界其实没有她想象的那么不堪！"他告诉我："对于一个思维固化的人来说，一切语言都会显得苍白无力！一个人只生活在自我的小世界中，很难看到外面世界的色彩！"

这位堂弟是个背包客，自十几岁开始，只要一有空便会到四处行走，用他的话来说，只有将世界亲自装进自己的行囊中，才能更为深刻地认识它。这几年来，他经常独自去爬高山、穿沙漠、看海洋，他说，大自然的一切他都不想错过，为此，他永远保持着对世界的好奇心。

他说，旅行最大的意义在于总能发现一个全新的自己。在澳州一次偶尔的海底潜水，他发现了自己当下做的工作并不适合自己，于是回到北京后立即换了另一份工作；在瑞士一次登山的过程中，他突然找到了新的奋斗目标，自此后他新对自己的人生进行了一番规划。旅行使他见多识广，让他变得自信，进而使他焕发出平和、自然的气质。同时，正是旅行让他不会在物质世界中迷失方向，因为他的心里装着全世界。

同时，旅行也让他看到和感受到了许多新奇的事物，它们能不断地刺激着你的感官，让你愿意去尝试自己未知的东西，进而对生活充满好奇。

......

有人说，世界是一本书，不旅行的人只了解其中的一页。旅行能让你多一些见识和丰富你的人生阅历，进而能让你的大脑多一种思维方式。面对生活中的人与事，有些人只会钻牛角尖，只有一条路可走；可当你大脑中的思维方式多了，看问题便会更加全面和客观，更有利于你自身的发展。所以，从这个意义上讲，旅行，很多时候是人的一种"扩张"运动。你到达一个地方，感受当地的人文，就意味着你个人认知的扩张，意味着文化和思维的扩张，意味着智力的扩张，更意味着生存空间的扩张，很多时候，它还能为你的人生乃至事业找到另一种可能性。

比如马云，这位引领数万员工与他一起开拓梦想、创造了企业年交易额超过一万亿元的矮个子男人自比为"骑着老虎的盲人"。他最初和许多人一样不知未来在哪里。他曾经当过小工、摆过地摊，参加了三次高考才考上大学，后来他当过几年老师，开了一家翻译社，直到偶然的一次外出遇见了互联网，他才真正找到了自己的梦想。

比如当年的徐志摩，如果没有在西方受到当地诗作家文化的浸染，他可能难以写出"再别康桥"那样优美灵动的诗句。

为此，当你禁锢思维、自我退化，矮缩自我生存空间，愿意待在自我狭小的空间里发霉发臭，那就别在别人口若悬河，在说那些你从未听到过的新鲜有趣的事情的时候自怨自艾，在扼腕中叹息自己的浅薄无知和见识狭小。

当然了，这里所说的旅行并不是简单地到一个陌生的地方，赶车、睡觉、拍照、吃、逛、看，更不是指你约几个朋友，费老大劲，翻山越岭地到了"远方"后，只是有风景秀丽的地方围坐着，无聊地玩几天手机或打扑克。如果这样，你只能感觉到发自内心的累。真正的旅行，而是行走与游玩的结合，在旅行中感受不同的风土人情，了解迥异的社会环境。它并不需大量的准备，因为，只要有时间，有一颗想要出去呼吸新鲜空气的心，有勇气且果敢，旅行便可成形。当然，若是有几个志同道合之人，那么这个旅途将会更加完美。

愿你能勇敢地从沉闷的生活里迈出去，外面连接不断的"变化"会打破你僵化的思维，也能唤醒那被生活消磨的沉寂的灵魂！

你"无趣"的症结在于"不读书"

若要有趣，就必须疯狂地读书，以充实你的内在。生活中，很多人的无趣的症结就在于不读书，为此他们在聊天时总会找不到话题而苦恼，总因为思维僵化而显尴尬，更会因为太过严肃而显"无聊"。

现实中，你可能会发现，那些有趣者，绝对不是只背几个荤段子，在人群中做几个搞笑动作逗大家一乐。他们往往很是热爱看书的，有绝对的文化和智慧储备，这才使他们说出的话有真材实料。当一个人知识储备足够多，内在足够丰富的时候，他才会有一颗游戏的心。当然了，知识多，不一定会有趣，但是至少在人群中会有话说，不无聊。

冯内古特是美国著名的黑色幽默作家，他在82岁的时候，将美国的两大烟草公司告上了法庭。因为所有的香烟盒上都写了"吸烟有害健康"的字眼，但是他这么多年来，孜孜不倦地吸烟，本来是打算自杀了，但自己吸了 70 多年的烟，竟然还没能死掉。于是，他便控诉烟草公司是最无耻的撒谎精。

一个老人竟有这样的搞笑举动，简直萌呆了。

冯古内特固然有名，他一生写出了许多著名的富有思想的小说，却始终没拿诺贝尔奖。对此事，冯古内特根本不放在心上，他曾经还拿自己得不了诺贝尔文学奖开玩笑：我曾经因为一辆瑞典造的车报废而说了几句瑞典科学家的坏话，他暗忖那些瑞典人一定是记到了现在，所以才不颁诺贝尔奖给他。

可以想象，冯古内特是多么有趣的人。当然，他的有趣，是建立在极为勤奋的阅读和写作的基础上的。他是个高产的作家，写过数量巨多的剧本、散文和短篇小说，并且写了许多部长篇小说。

爱读书者，其有独立思考的能力，为此他们的思维总是活跃异常，总能提出新鲜有趣的观点，绝对不会人云亦云。正如王小波所说，胡思乱想不是有趣，有趣是有道理而且新奇。一般人对外物的人与事的感知都是停留在个人的情绪上，而有趣的人往往痴迷于思考，他们因为有极大的阅读量，所以总会关注情绪背后的原因与规律。比如一位朋友在群里大家在讨论不婚者与崇尚结婚者的区别，大家各持观点，讨论得很欢。而其中一个爱阅读者，一边看大家在群里的发观点，一边在琢磨，婚姻与现代经济发展之间的关联，于是便写了一篇关于婚姻与经济发展之间的关系的深度解读的文章，引发了大家的共鸣。的确，无论在怎样的情况下，有趣者总爱琢磨和思考，所以他们总能源源不断地制造新鲜话题，成为人群中的焦点。

在现实中，你是否会觉得日子越过越没劲，对什么都提不起兴趣？总是埋怨工作机械重复，出门旅行又觉得疲倦无聊。实际上，这些症结都在于你"不读书"，一个人的内心若不丰盈，了然空洞，无论去做什么，都会是漆黑一片。无论去哪里，都会觉得心在流浪。真正有趣的生活，其实无须刻意用诗和远方去堆砌，即便是在一地鸡毛的生活中，也能够寻觅到其中的纵横生趣。

爱读书者心胸宽广，他们有厚实的内在知识底蕴做支撑，所以就不会去计较个人的得与失，更不会在乎周围人对他的冒犯，也不会在乎他人的误解和世俗偏见对自己的评价，因为他的内心本身就是一个完美的世界，为此他不会色厉内荏，外强中干，更不会随意对人发脾气。这样的人，对自己与周围的人和世界都有极为强大的信念，这种信念能让他坚持自我原则，与世界万物和谐地相处。

另外，一个爱读书者，内心也是强大的，其有开放的意识与开放的心态，对于任何不同的声音，他都能够认真听进去，然后能用自己的逻辑、常识、常理、直觉、经验以及科学的方法去检验，所以他们对于他人冒犯性的行为和话语不会轻易发怒，而是会理智且和谐地解决与他人的冲突和矛盾。

无趣者的"无趣"在于将生活的美好和瑰丽色彩忽视，对身边的美好习以为常，所以会对生活丧失新鲜感，便会产生厌倦。而一个爱读书者则会因为阅读而使自己的思维保持活跃，常对那些被多数人视而不见、不愿去探究的事情充满好奇，能让普通的事物呈现出不同的花样来，所以会将日子过得鲜活有趣。

有趣者都是一个讲故事高手

有趣者的人都极为擅长讲故事，可以将枯燥乏味的东西变得生动有趣，一路讲下来，听的人时时欢笑鼓掌，讲的人越讲越有劲儿。大家都觉得，哎哟，这个人还真挺有意思的。

安杰到洛杉矶的一个朋友家里参加聚会,来人貌似都是社会名流,其中一个人向大家介绍道:"某 BAT 的高管、老板是谁谁谁、主要负责什么……我给你讲个关于他的故事……在 30 年前,那位爱踢足球的大人物去美国访问,当时拜访了一位美国的农民,还在人家住了一晚。你知道那天他睡的是谁的房间吗?"

于是大家便顺着这个话题聊了半天,聊那位大人物睡他房间他睡哪儿了?聊他父母的房子后来怎么被个中国商人买了改成了博物馆,现在他父母又如何成了小镇上的名人。

一个是用公司、职务和学历来介绍自己的,另一个是拿故事介绍的,你觉得哪个更有意思呢?正如法国著名的作家安东尼·德·圣·埃克苏佩里,他在《沙漠的智慧》一书中就曾这样说道:"如果你想造一艘船,你先要做的不是催促人们去收集木材,也不是忙着分配工作和发布命令。而是激起他们对浩瀚无垠的大海的向往。"

从现代心理学方面分析,人都具有爱听故事的天性。因为每个人都渴望了解别人的生活,或者听到一个自己向往的完美故事。这也说明了为什么电影、小说、漫画甚至戏剧是如此流行,而它们的一些衍生品也往往有不错的销量。同时,故事可以满足人们心中对他人世界的窥探欲望。故事也可以给人们带来全新的生活体验,比如科幻题材带来的超现实感觉。另外,故事可以创造出新鲜感和想象力,满足人们对自己无法触及的生活层面的想象和渴求。最后,故事可以提供更多的资讯,因为每个人都渴望获得比别人更多的信息,形成某种信息优势。

从人类进化心理学方面分析,听故事也是人类最基本的心理需求之一。在《故事的秘密》一书中,美国作家威塞尔顿通过列举出人类大脑对故事敏感的表现,给出的原因是:进化使人类的大脑有了讲故事的能力。他通过一系列的心理学实验,最后得出结论:故事在我们的头脑中更有"特权",与其他的文字体裁相比,故事更能吸引人的注意力、并且更容易被理解和记忆。在人类漫长的进化过程中,对故事的需求和体验虚构的能力通过正面的反馈被不断地强化。

据调查分析,两个人的对话内容有 80％ 都是通过讲故事来完成的。然而,我们身边却不乏这样的人:他们知道讲故事的重要性,也很有讲故事的意愿,但限于讲故事的能力不高,虽然心向明月,奈何讲出来的东西生硬呆板,激不起听众的兴趣。结果往往是讲得不伦不类,白白地耗费了一番心力。那么,我们该如何讲好故事呢?

第一,通过细节的描述创造想象。

1. 你可以通过描述人物、背景、矛盾、高潮,要通过细节来创造听众的全方位的感觉刺激,包括听觉、视觉、嗅觉、触觉。

2. 要做到这一点需要讲故事的人能观察到这些细节,记住这些细节或者想象这些细节然后描述出来。

3. 感觉、感情尤其要说得细腻一点再细腻一点。

第二,冲突升级创造听众的悬念。如果故事的冲突特别快就解决并进入美好结局,故事就没劲了——好的故事,有冲突,还有冲突的升级。

第三,通过对话来增加故事深度,创造矛盾的凸显。

一个平淡的故事没有人是爱听的。这就需要我们有一定编剧的能力。如果没有,那不妨讲出来之前先编排好吧。

总之,故事具有更多的趣味性与一动性,更能够吸引人们的注意力。所有伟大的演说家、作家、企划家,无一例外都是一个讲故事的高手。因此,我们要想做一个受人欢迎的人,不妨提升一下自己讲故事的能力,让自己成为一个有趣的人。

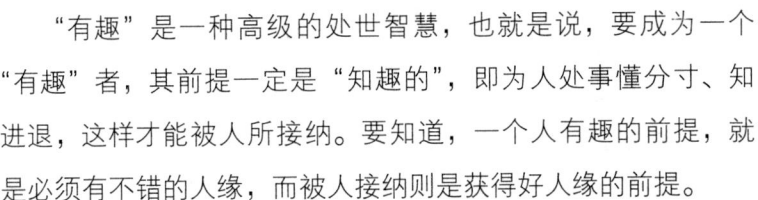

第三章

有趣的前提是"知趣"：
懂分寸者才能被人接纳

　　"有趣"是一种高级的处世智慧，也就是说，要成为一个"有趣"者，其前提一定是"知趣的"，即为人处事懂分寸、知进退，这样才能被人所接纳。要知道，一个人有趣的前提，就是必须有不错的人缘，而被人接纳则是获得好人缘的前提。

　　所谓的分寸就是刚柔相济，外圆内方，有理有节，软中有硬，不走极端，更不偏激和执拗；同时，与人交际要亲疏有度，冷热相宜，就是再亲近的关系也要保持一定的距离，更要懂得礼让。不同场合不同环境对不同对象，讲话应有所不同……一个人只有洞悉了人情世故，看透了世间冷暖，才容易活得通透、豁达，方能成为有趣者。

为人处事讲分寸，是一种高级教养

把握为人处事的分寸，是成为一个有趣者的前提。试想，一个人若不懂进退，与人相处把握不好度，总是惹人生厌，那么，他就是有再好的口才，再幽默，生活再有情趣，那也不能成为有趣者。有趣者，为人处事一定是和谐而圆润的，行为动作一定是让人感到舒服的，一定是乐于使人接纳的。

希腊著名哲学家赫拉克利特说："世界的一切次序，在一定分寸上燃烧，在一定分寸上熄灭，凡事失了分寸，都可能往负面发展。"这道出了世间真谛：人与社会，人与人之间的相处都必须遵循一定的秩序，要保持一定的分寸，否则就会产生一定的负面影响。

有个流传很广的故事，讲的是一艘轮船在触礁后在海上漂泊，船上的供给眼看就要耗尽。眼看船员们获救无望，人们不免着急极了。这时一个极为悲观的船员则陷入了极度的绝望之中，他惊恐万分，总是高声地叫嚷，"这下子大家全完了，谁也活不成了，我们早晚都要被鱼给吃掉。"这位悲观者唠叨好多次，终于引起了公愤，被惹怒的众船员七手八脚地丢进了大海，并且还对他说，你先去被鱼吃掉吧！悲观者死后，这个面临危难的船只并未得到预期的平静，这时船上又出现了一位乐观者，重拾起喋喋不休的鼓噪。只不过他叫嚷的全是乐观的话，他说：我们一定会获救的，因为我们还有几十块饼干，而一块饼干可以维持一个人一周的生命……众船员在不安之余，听着这位乐观者的鼓噪，心情也变得很不爽，于是一起动手，将这位乐观者也扔进大海里了。就这样，轮船才恢复了宁静。因为没有了那两个讨厌的家伙，大家在冷静之中，终于想出了办法，使轮船获得了救援。

这个故事，固然有些夸张，却诠释了一个道理：生活中存在一个分寸的问题，处理得好，能使生活圆融和谐，处理得不好，纵然不会被"丢进大海"，也一定会导致不良的后果，轻则受到非议与谩骂，重则自毁口碑功败垂成。

分寸，是平衡生活和谐的一个分水岭，超越它，好与坏、善与恶、爱与恨、喜与悲就能发生转化。实际上，分寸感就是为人处事的高级智慧，为人处事讲分寸者，首先一定能找准自我位置的人。

汉朝初期，汉文帝极为宠幸太中大夫邓通，在他风光之时，武帝仅赏给他的财物累计便超过了万万钱，其地位也是朝中无人能撼动的。

可突有一天，当朝宰相申屠嘉来朝见文帝，见到邓通对文帝行的礼很是简慢，毫无诚意。申屠嘉则在奏报完了正事便说："陛下如果重新亲近臣子，可以让他富贵，但说到朝廷之上的君臣礼仪，却不能不严加整肃。"邓通为此差点儿引来杀身之祸。

但经过此事后，邓通丝毫没有收敛自己的行为，继续地狐假虎威、不可一世。这便引起了当朝太子也就是后来汉景帝的不满，最终不得善终。

而在汉武帝时期，还有一位受人尊敬的大臣金日磾。

汉武帝个性有些暴躁，为政期间，他"刑罚繁重、横征暴敛"，是一位不好相处的君王，但金日磾在武帝身边办差，从未过有差错。他深知自己的"位置"，苛尽职守，不敢有丝毫的狂傲，为此地位日益稳固，更深得当朝大臣们的信服。

在汉武帝身边几十年，他固守本分，从不看不该看的东西。武帝赐给美女，他也不亲近。汉武帝后来想将他的女儿纳入后宫，他却不肯，其笃诚谨慎至此，其他官员自然也难以抓到他的把柄了。

金日磾能够明哲保身就是时刻清楚自己的位置，只得自己该得的，自己不该得的连碰都不碰，这样讲求分寸感，自然会受人尊敬。

一位作家说，所谓的分寸感，就是善刀而藏地顾全他人的体面。冯唐说，包容他人的基本就是管理好自己，不给别人添麻烦。他讲的是与人相处的分寸感，是适可而止地保有自己的得体。

所谓分寸感，就是看破不说破，即看到他人的尴尬、难堪或不齿的事，或看穿他人内在的小心思时，不揭穿、不拆穿，而是依然保持必要的沉默；

所谓的分寸感，就是不戳人伤疤，不揭人短处，不让人下不来台；

所谓的分寸感，就是要时时善解人意，而这里的善解人意不仅仅是投其所好，更是为别人着想的善良；

所谓的分寸感，就是要时时保持谦卑的态度，为人不张扬，不炫耀自己的长处，不在失意人面前诉说自己的得意；

……

周国平说：我相信人不但有外在的眼睛，而且有内在的眼睛。外在的眼睛看现象，内在的眼睛看意义，成为心灵的财富。在很多时候，我们的眼睛都是闭着的。我们只看中眼前的利益，却看不见真理；只看得见万物，却看不见美……而当一个人时刻适时而出分寸感，那么说明这个人的内在眼睛就是睁开的。因为用谦卑、平和、善解人意的眼光去审视他人，才不会被生活之流裹挟而迷失，让自己和身边的人得体而美。

再亲密的关系，也经不起过分直白的"摧残"

在很多人心中，与朋友相处，只需要足够真诚和保持率真就好了，无须去忌讳什么。实际上，在人际关系中，你与任何人相处，包括你最爱的亲人、爱人之间都应该讲究分寸。否则，你过分地直白，会伤了对方的自尊还不自知，进而影响友谊，那就得不偿失了。要知道，得到他人的尊敬，是人的基本心理欲求。就是说，所有的人际交往都必须要遵循这一交际法则，否则，两人的关系再亲密，也很容易产生裂痕。在与朋友相处时，如果你总是说话口无遮拦，再好的友谊也经不起这种"摧残"。

嘉玉是个心直口快的女孩，办事总是雷厉风行的，说话也总是很直白。一次，她约朋友张勋一起出去玩，见面就说："你怎么不换件衣服，看你丫穿的那件衣服像捡破烂的，丑死了，还不换，不知道的人以为你是劳改犯。"

张勋听罢，顿时有些气愤，嘉玉却接上来就说，不好意思啊，我这人说话比较直白，张勋也只好忍气吞声地接纳了他。

类似的事情有很多，比如，很多时候，她会直接对朋友说，你那个朋友什么玩意儿啊，长得丑不说，说话还难听；比如，她会跟朋友直接说，你现在是越来越胖了，再过一段时间是不是不会走路了？哈哈，然后后面会加上一句，不好意思啊，我说话比较直。

刘冰是嘉玉的朋友，是搞文学创作的，一本小说一年多后，终于完稿。在兴奋之余，刘冰就把小说发给好朋友嘉玉，让她给出评价。时隔一天，嘉玉就打电话给刘冰说，这么差的故事还算小说，我看了第一章就没兴趣看下去了……批评一通之后，她又笑嘻嘻地说，我说话比较直，你可别生气啊。刘冰听完后，"啪"的一声挂掉电话，那是她们的最后一次通话，以后刘冰再也没搭理过嘉玉。就这样，嘉玉的人缘越来越差，她以前在大学、中学玩得不错的朋友，都不大愿意和她交往了，她最终沦为一个孤家寡人。

生活中，像嘉玉这样说话直白、不顾忌别人感受、想说什么就说什么的朋友，任谁都难以接受。一个人的性格可以直白，但是说话太口无遮拦的人，只说明其情商不够，不能够体会和照顾到周围人的心理承受能力。

其实，在现实生活中我们见过很多人在亲密的朋友面前的"直白"：闺蜜当着外人的面说自己体型太胖，还没有毅力去减肥，被男人甩真是活该；一个男人在大庭广众之下，指责和他称兄道弟的人太没本事，三十好几了，连个小领导都混不上；老婆在外人面前直白地指责自己的老公挣不到钱，说你看别人的老公赚多少钱；妈妈在饭局中直接训儿子，整天就知道玩游戏，看看邻居家那谁谁学习多用功；老师当众直接批评自己的学生，说像你这样的差生一辈子都会没出息，长大了只能到工地上去搬砖……他们说这些话的时候，都理直气壮的，语气中都带有一种不屑甚至蔑视感，说完后，便会以占理的一方说，你可别怪我啊，我这人说话比较直。更可怕的是，他们通常还会以胜利者的姿态说，我那样说都是为你好。

毫无分寸感的伤害并不带有恶意，但会因其过分的直接，从而损伤最美的情感。这并非不让你提意见或表达自己的看法，而是需要你表达得委婉一点，说不定能达到不错的效果。

其实，同样的一句话，赤裸裸地出现在你面前，和包装后的出现，效果完全不同。再亲密的关系，也经不起你的过分直白。对于个性直爽的人来说，尽管他带给友人的伤害都是不带恶意的，但是只因为他的表达方式不对，只会让美的、和谐的情感受到损伤。所以，在任何时候请记得，再好的关系，也抵不过你无底线的直白，讲话的时候拐个弯儿。别把自己的口无遮拦当作大气，这只是幼稚而已。当然，如果你是一个直性子，在与朋友相处时，除了说话要委婉外，还需要注意以下两点：

1. 与友人相处，说话、办事一定要讲究场合和方式，千万别怀着一颗"我是为你好"的心，去劝说对方，这样反而会让对方产生反感，甚至会产生"怎么只要我想做的，你就反对？我就这样了，你能怎么着"的逆反心理。

2. 每个人都有自我反省的能力，都会对自己的言行和判断进行反思。因此，如果你是个直性子，要懂得时刻反省自我的言行，切勿意气用事，以免伤了与朋友之间的和气。同时，在与对方相处时，也要时刻站在对方的角度去考虑问题。委婉地说话、行事，这样才能使你的友谊之花常开不败。

失意时不"快口"，得意时不"快心"

有趣者，一定也是富有修养的，那份修养中包含着成熟与宽容。他们在遇到与自己观点不一致的情况时，不会去争强好胜，也不会尖酸刻薄地攻击他人，更不会分分钟全副武装，随时处于战斗的状态。他们心里藏得住事，也不会在失意或得意时忍不住说出来。

一个人若总在失意的时候，总是不停地向人吐露自己的委屈，倾注自己的怨气，即便他有再好的口才、再幽默的谈吐，也不能叫有趣者；同时，一个人在得意时，若总是夹不住自己的尾巴，向人不断地炫耀自己的得意，释放自己的傲气，即便是其见识再广，知识再丰富，也不能称为"有趣"。实际上，在现实中，"失意时不快口，得意时不快心"，时刻保持沉稳但不失幽默，健谈但不失分寸，才是成为有趣者需要注意的为人处事法则。

某一天，一家培训机构邀请我和一位同事去讲课，许诺给我个的报酬还算不错，当时那家机构为了怕我们迟到，特地一大早地开车来接我俩。

开车接我们的是那家机构的某位领导，和我们见面后，很和气地和我们寒暄，看起来很有修养的样子。但是在途中貌似是快递员打给他的一个电话，则将他一直维护的彬彬有礼的高大形象彻底给毁了。

一位快递员给他电话是说，他的一件快递到了，那位领导说自己在外面，能否给送到办公室里去，而那位快递员似乎说自己不方便去送。而那位领导人则一下子急了，说："我现在有事，帮我送一下我给你加钱还不行吗？"那位快递小哥似乎又一次拒绝了他，他便有些急了，可能因为快递过来的东西比较重要，当天必须接收到才行，那位领导便开始在电话里对着快递员叫嚷了起来，而且骂了他，讲了粗话。

随后，等那位领导领导挂掉电话后，便向我们解释道："让你们见笑了，我这人个性比较直，再加上这段时间家里出现了一些状况，所以借此随便发泄了一下自己的情绪。"接着，他更又开始抱怨现在的快递员素质有多低，快递公司的服务有多差等。我和同事听着发泄内心的不快，只是礼貌性地笑笑，没说什么。

第一天，我和同事都讲了课。第二天，我的同事执意辞掉了那家单位的邀请，并且劝我不要再去了。但我因为舍不得那份报酬坚持讲了五天的课。

最终的事实证明，我的那位同事是对的。我尽心竭力地讲完五天课后，那家机构的负责人并没有如期付给我们报酬，之后电话也打不通。其实，他们也没有跑路，他的培训机构依然做得红红火火，而我和同事多次讨要报酬都无果，负责人甚至还用强硬的语气恐吓过我们。

这次吃了大亏，我佩服那位同事的先见之明，我问同事为何能预知那位领导人是一个不靠谱的人。

"你被眼前的一点小利蒙住了眼，亏你还是搞心理学研究的呢？"那位同事责备了我，"一个人对快递小哥的态度都极为恶劣的人，必然是一个极为自私的人，我并没有事先洞悉他们不靠谱，但我觉得与那样的人打交道肯定是有弊无利。"

一个若在陌生人面前都毫无顾忌地发泄不良情绪，一方面说明其有着极差的自控力，另一方面也表现出了其人格上的不靠谱，这样的人很容易成为别人反感的对象，更别说有趣了。

生活中，自控力差的人有很多。他们的嘴巴和行为总是会受自身情绪的影响，在失意的时候，会牢骚满腹、怨天尤人，随口就向人喋喋不休地发泄自己的怨气。而在得意的时候，便又会口不择言，随意向人炫耀，招人忌恨，甚至还会错失机遇。所以，我们在处世立身时，须要谨记两点：在失意的时候管住自己，别随意发泄自己的怨气。要知道，抱怨非但不能解决你的任何问题，还可能让你暴露更多的问题。在众人心中，怨天尤人表示你心智浅薄、缺乏自信，更没有独立面对困难和逆境的勇气。向自己的同事发牢骚可能会招致更糟糕的结果，要知道这世上没有不透风的墙，一传十、十传百，你不经意间说出去的话，总有一天会传到你的牢骚对象的耳朵里。同样，在得意的时候，也不要有傲气，至少不能无所顾忌地表露自己的傲气。傲气的人是不受欢迎的，甚至可能招致别人的妒忌，把自己变成众矢之的。尤其是当你并不如原来想象的那么不可替代的话，是很可能会被自己的上司所牺牲掉的。

被奉为"职场教科书"的电视剧《潜伏》，给人留下了深刻的启示。其男主角余则成则是一个城府极深的人，在任何的关键时刻，都能够控制好自己的情绪。在敌营初遇左蓝时，为了不让自己露马脚，遭人怀疑，他抑制住了自己内心的激动与欣喜；在左蓝牺牲时，他曾陷入极大的悲伤中，但是他却在几秒钟之内整理好了心情，再见李涯时展露自己的笑容。正他的这种"失意不快口，得意不快心"做法，告诉我们为人处事应涵大志于沉稳之中，时刻不能因眼前的利益、得失而迷失大局。而与他不同的几个同事，因为沉不住气，所以招来了祸端。李涯的锋芒毕露，让他头破血流；陆桥山的妒贤嫉能，被李涯反咬一口；马奎不懂伸缩，更是被误认为是共产党。而余则成与他们相安无事，正是懂得忍耐的结果。

一个高明的处世达人，在任何环境之中，我们都不要忘记自己原来的样子，要懂得忍耐，学会收敛。不要为了逞一时之快，而忘了后果。是金子总会发光，黄沙掩不住珍珠的光华。等到有一天，你回过头来看的时候。你会发现你留下的不是只有痛苦和快乐，还有很多其他的东西。

一位哲学家说：人生有两种境界，一种是痛而不言，另一种是笑而不语。富有智慧的人，在失意的时候，不会有怨气，即便有怨气的话，也不会喋喋不休地用自己的委屈和不满去换取别人的同情，他们会打碎牙咽到肚子里后旁若无人地为自己疗伤。因为他们懂得，只要把失意藏于心，才能励精图治，获得长久的发展。在得意的时候，也绝不会因为贪图一时的虚荣将自己的荣耀公之于众，更不会像急性者那样扬扬自得地将自己的丰功伟绩大白于天下。而是懂得低调做人，在别人说起其丰功伟绩时也会用谦虚之言将之敷衍掉。因为他们知道，痛苦、患难可以与共，荣耀却只能独享，因为张扬着的荣耀，就是滋生忌妒和愤恨的温床，也是让你成为众矢之的基本诱因。今天满脸真诚地向你表示祝贺的人，可能就是等着你在明天失意之后落井下石之人。只要把失意藏在心中，在职场上才不会不明不白地"死"在荣誉里。

真正的强者，都是甘心居于下位的

一个有趣者，在为人处事时，是必定会有谦卑感的。所谓的谦卑感，就是指无论你有多高的社会地位，无论知识有多渊博，在某个领域无论有多了不起，都要保持绝对的谦逊，不狂傲、不夸夸其谈，无论你有多么高超的幽默手法。

村上春树曾经在美国麻省理工学校演讲时，主办方让他在日语与英语中选择发言语种时，他放弃了有无限选选择与精彩的母语日语，而选择仍然不尽如人意的英语发言。

当时在场很多人都不理解，会场会有同声翻译，为何不选择自如的日语？

他解释说道，正因为日语是母语，自己作为一个文学家，太容易在海量而富饶的词汇里夸夸其谈，这种状态会让他张皇失措，沮丧不已。

村上春树的意思是，在使用日语的过程中，他太怕因熟悉而又擅长，会自我膨胀，给人自大的感觉，而有背他的本意。使用英语虽然略显笨拙，却更为接地气、诚恳，反而会使自己心身轻松。

他以另一种方式将其人品与其为人的态度，巧妙地传递给听众和读者。他口中那种重要的东西就是谦卑，就是做人的分寸感，就是"知趣"。

实际上，在生活中真正的强者，都是甘心居于下位的。正所谓

"低头的都是满满的稻穗，昂头的都是无果的稗子。"越是成熟、饱满的稻穗，头就垂得越低。只有那些内心空空如也的稗子，才会显得过于招摇，始终会把头抬得老高。当然了，一个谦逊内敛而不张扬的人，都是有厚实的内在功底做支撑的，只有一个人知识、阅历、素质和修养都达到了足够的沉淀时，才能够真正做到不说张扬之语、不做张扬之事、不逞张扬之能。当一个人开始谦卑的时候，便是他最近于伟大的时候。

表弟李涛自小聪明过人，去年刚刚毕业于京城某所科学院，以他的教育经历，可以轻松在京城找一个不错的单位。毕业后的他果然也不负家人所望，被一家科研单位顺利录用。这位表弟虽然智商过人，但情商极低。可能因为自小没受过什么挫折，还经常被家人和老师捧着，所以养成了他极为狂傲的个性。

刚到单位时，表弟发现自己周围的同事都是 40 多岁的中年人，经验虽然比他丰富，但头脑和做事风格也极为死板，对电脑都不大精通。那时的他兴奋极了，认为自己可以在单位中大展拳脚了。于是，他便开始在自己的单位中卖弄起自己的聪明来。

"哎呀！电脑怎么能这么用呢？""这方面你得听我的，这方面可是我的强项呀！"办公室里经常只能听到他在指手画脚，口沫横飞。

有一次，领导叫他到另一个单位去帮助解决电脑程序上的问题。接待他的是一位中层领导。他热情地让李涛到他的办公室中，并泡上一壶好茶，说："你来了就太好了，我们这里有一台电脑不知道怎么了，每次打开不到 10 分钟就死机了，麻烦你给看看吧！"

表弟便慢吞吞地说："没事，电脑方面我最在行，我还没遇到过我解决不了的问题呢？"喝完了茶他就去查修那台电脑。不到 5 分钟就修好了。

那位中层领导很是高兴，连连称赞他有能力。当时的他就有些飘飘然了，说："其实电脑没有什么问题，主要是用这台电脑的人太笨了，他把一个程序设置成后台运行了，这个程序要占用大量的内存，如果再打开其他的程序，电脑就反应不过来了，不死机才怪呢。"

那个中层领导听了表弟的话，脸色立刻就变得难堪起来，稍后表弟就带搭不理了。表弟李涛虽没注意到对方脸色的变化，就一直在那里吹嘘自己如何高明。

然而过了一段时间后，总是扬扬得意的表弟被他所在的单位辞退了，原因很简单，太过强势的他总是以咄咄逼人的工作方式在不断地得罪他的同事，惹怒他的领导。

一个人若总是在人群中"翘尾巴"，炫耀自己的长处，借以获得优越感，以让别人高看自己。实际上，这样做反而显示了你的轻浮和不成熟，只会招来他人的反感。所以，这是处世中的大忌。

古希腊的著名哲学家苏格拉底，每当被称赞学识渊博、智慧超群的时候，总谦逊地说："我唯一知道的就是我自己的无知。"牛顿，人类历史上最伟大科学家之一，对于自己的成功，他总是谦虚地说："如果我见得远一点，那是因为我站在巨人的肩上的缘故。"他还将自己比喻成一个海滨玩耍的小孩子，认为自己只是"有时很高兴地拾着一颗光滑美丽的石子儿，真理的大海还是没有发现"。可以说，无论做人还是治学，谦虚都是一种智慧和气度。所以，生活中，我们要时时保持谦虚的姿态，做一个有气度、智慧的人。

要想"有趣"，必须先识趣和知趣

经历过的人都知道，跟不识趣者在一起，人人都能创造并且持续突破翻白眼次数的新纪录！这句话虽有些夸张，但确实道出了一个事实：不识趣者交往确实是一件不舒服的事情。说一个人"不识趣"，多数是在说他不懂得灵活处理人际关系，毫无分寸感和边界感。虽然作为一个有趣者可能需要先天的个性优势，但要成为一个"识趣者"则要靠后天的培养，一般不存在用心做了却不开窍的情况。所以，如若一个人不识趣、知趣，则说明其有着寡淡的社交圈，平时也不是一个受人欢迎者，那就难成为一个有趣者。

所谓的"识趣"，就是交往的时候，避开人际交往的"雷区"，是交际中自觉地给他人以舒适、通畅的感觉。当然，要做一个识趣和知趣者，首先就要有察言观色的本领，可以说这是受人欢迎的最基本的技能。其次，要懂得所谓的"言外之意"。当双方气氛微妙时，再简单的话都可能意味着对方想立即停止对话的意图。

比如，在同一个单位中，员工 A 为了能准时下班，便匆匆忙忙地赶着手头要完成的工作。而员工 B 忙完工作后，便神经大条地找屡次找 A 聊天。A 完全不想理会，但出于礼貌，会用敷衍的语气回应"哦，这样吗""嗯呢""是啊"……如果在这个时候，B 还试图继续进行对话的话，B 这人就是"不知趣"。他如果看不到 A 在忙工作，难道还听不出其态度吗？由此可见，人际交往中的知趣有多重要。情商低不要紧，最为要紧的是意识不到自己的情商低。所以，在人际交往中，要懂得察言观色，也要懂得识别出对方的言外之意，更重要的是，要有分寸感和边界感！

朋友姜伟是一个极随和的人，但就是有点神经大条，曾因为"不知趣"而被迫丢了工作，还得罪了不少朋友。

那是姜伟的第一份工作，在一家广告公司做业务。那时的他20岁出头，刚从学校出来没多久，缺乏交际经验也是可以理解的。他曾向我们讲述过他的那次尴尬经历：

"那一天他与上司去拜访一位重要的客户，想探明对方的合作意向。

"那一天，接待我们的是一位张经理，双方在客户的会客室中交谈，在交换名片时，客户的名片夹里突然有东西掉在地上。所有的人都下意识地低头看去，立马所有人都惊呆了，原来掉在地上的是一张美女裸照。客户的脸一下子红了，显出一副十分狼狈的样子，其他的人也屏息噤声，气氛突然变得极其尴尬。尤其是我的上司，显得极为尴尬，但一时也不知道该说些什么。

"那时的我年轻气盛，总想着帮上司做些什么，以证明自己的实力。为了缓解尴尬的气氛，我便随口说了句：'没想到张经理还有这种收藏爱好呀！'本来我会觉得是一个笑话，但却发现当时客户的脸色马上变得极为难堪。这时候，上司也使劲地朝我翻了一个白眼，我才意识到自己说错话了。自那之后，上司再也不带我去拜见客户，不久我也辞了职。"

自那之后，姜伟苦练口才和各种社交技能，但仍旧没能改掉他神经大条的毛病。一次，老同学在一起聚会，因为大家多年都没见，聊得也十分开心。在酒过三巡后，姜伟便借着酒劲对其中一位女同学说道："你不记得了吗？当初是你主动去追求我的，现在还想我吗？"按道理说，在老友重逢的气氛中，这些话虽然说出来有些不妥当，但是如果将之当笑话，也可以不了了之的。恰好被说的女士当时心情十分不好，听了这话后脸色一变，气呼呼地说："你真是神经病！谁会追求你这种心理变态的人。"女士的声音很大，当时的气氛在一下子就僵住了，每个人都觉得十分尴尬。这个时候，另一个郭姓的同学站了起来，笑着说："我们小妹的脾气还是没变，她喜欢谁，就会说谁是神经病，说得越厉害，就说明她越喜欢，小妹我说得对吧?"一番话，让大家都想起了大学时代大家在一起的美好时光，不由得七嘴八舌，相互都开起玩笑来。在这次风波后，那位女同学还对那位郭姓男同学深表感激，说他帮了自己的忙，不然将会造成多大的误会呀!

社交中的"知趣"是极难把握的，有时候，同样的一句话，有人会觉得是玩笑话，但在另一人看来，则是一种伤自尊的话。所以，这就要求我们在社交里一定要懂得察言观色，先分析对方的个性特点、生活环境、受教育程度、社会职业等将人区别开来，同时在交往时，还要给自己一个理性的定位，准确是评估你们的亲密程度，再说合时宜的话，这是被人接纳的基础。

比如，有一位朋友长年在外工作极少回家，有一个偶然的机会大家坐在一起吃饭，快乐地聊起了孩提时代的快乐时光，席间这位归乡的朋友便突然提出要认发小的女儿为义女以定干亲。此言一出，发小夫妇先是愕然，迟疑片刻便以不方便为由婉言地予以谢绝。事后，这位朋友便停地抱怨人家发小不近人情，觉得自己没有面子并且说如何如何地看不起他，等等⋯⋯这就是他没有理性地认识到相互间的差异和交往的程度，曾经是很要好的小伙伴不假，但毕竟多年未见现在都各自成家立业了，无论人家有没有意愿或其他什么原因，便草率地提出结为干亲显得极不合适，结果致使双方尴尬不已。

人与人之间交往中，难免会有请托之事、表白之情、结交之谊，但万不可不顾对方是否愿意而贸然牵强地提出不合时宜的想法和要求，倘若遭到婉拒或冷拒都会让自己感到难为情。所以，不合时宜的尊口还是免开为好，免得自己颜面扫地。

嘴上逞强的人，内心都在"投降"

过完年刚到单位的头一周末，便到医院去探望了一位病倒了的同事刘哥。几天年他突发脑梗，被家人及时送往医院，再加上医院离他们家又近，所以抢回了一条命。

刘哥是公司销售部的领导，平日他几乎天天忙着社交和应酬，原本身体就有各种毛病，这下终于病倒了。我打算劝劝他，人生在世，什么金钱地位都是虚的，只有自己的健康才是最珍贵的。

刚进病房，便看见刘哥阴沉着脸躺着，他的妻子在旁边絮絮叨叨地说："哎呀，你的那个下属太不识趣了，人都病倒了，还在请示工作，这是谈工作的地方吗？"说完还不解气，开始不停地数落刘哥太不自律，明知自己身体有病，还老出去跟人喝酒，搞得刘哥很不耐烦地说道："你早上没听到医生说吗，我需要静养！静养！听到没有？"

妻子听了怒火也窜出来了，张口便说道："我都是为你好，你病倒的这几天，我天天在医院伺候你，跑上跑下给你缴费，这段时间我哪天晚上睡过一个安稳觉了？稍好一点，竟然还对我吼叫，你个狼心狗肺！"最后一句，显然已经上升到人身攻击了，一场恶战一触即发。

我赶忙上前，向他的妻子劝解道："嫂子，你能给我买瓶水吗？"他的妻子狠狠地看了刘哥一眼，便悻悻地走开了。

我回头看着刘哥，穿着宽大的病号服，仍旧可以看到其躯体的病弱。我劝他："少说两句吧，嫂子就那个脾气，刀子嘴豆腐心。她是在关心你！"

"她就不能少说两句？我还是个病人呢！就不能让着我点儿？"刘哥没好气地说："你是不知道，一天到晚像个母老虎，不停地朝我吼，我的病都是被她给气出来的！"

说着说着，刘哥竟然向我大倒苦水。二十几年的婚姻，我很少有清静的时候，经常为家庭琐事给我大吵大闹。末了，她经常还觉得自己挺有理，便开始冷战，最后便是只等着我去向她道歉，而为了不伤感情，都是我主动觍着脸去给她找台阶下！周而复始，我都厌倦了。

很可惜的是，正如诺尔斯所说："婚姻不是一张彩票，即便是输了也不能一撕了事！"

据我所知，刘哥很争气，每个月有十分可观的经济收入，在市区最好的地段拥有一栋复式楼，有一个已经付清尾款的门面。唯一的儿子在国外留学，经济优渥。他妻子身体本来就不好，为了她的健康考虑，刘哥没有让她上班。妻子是个有情趣的人，学美术出身的她不仅做得一手好菜，而且还将家里装扮得赏心悦目。按道理说，他们的生活应该是鲜花着锦、蜜里调油。可是，我所亲眼看到的，他们的婚姻可不如表面那般光鲜。

究其原因，婚姻中的她不懂得适时的退让和规避锋芒，任凭刀嘴舌剑将老公刺得鲜血淋淋，生生地将初恋时的惊鸿一瞥，热恋时的你侬我侬，二十年后落到穿衣吃饭的岁月静好被撕扯，摔碎。

刘哥的妻子是有生活情趣的人，她本来可以成为一个有趣者，但因她逞强好胜的个性，致使她将婚姻经营得一塌糊涂。面对生活中的"事故"，她的第一反应都是以"强硬"的方式向对方示威，其意图固然是好的，但她的强硬的态度，却伤了老公的心。她的"强硬"，也正彰显了其内心的脆弱。

一个人因为内心软弱，才会在表面上故装"强硬"。所以那些外表"逞强"的人，内心其实都在"投降"。一个内心真正强大的人，在任何情况下都会处之泰然，宠辱不惊，不论外界有多少置疑或者诱惑，都能做到心无旁骛，依然固守着内心那份坚定。

《失恋33天》中面对前男友的"突然分手"，黄小仙慌乱了。她的"被分手"在于她的强硬："黄小仙儿，真不明白吗？我们两个人是一不小心才走到这一步的？你仔细想想，在一起这么多年，每次吵架，都是你把话说绝了，一个脏字都不带，杀伤力却大得让我想去撞墙一了百了，吵完之后，你舒服了，想没想过我的感受？每次都是我自己觍着脸跟狗一样自己找一个台阶下！你永远趾高气扬，站在原地一动不动。这一段楼梯，我已经灰头土脸地走到最下面了，你还站在最高的地方，我站在这下面，仰视你，仰视的我脖子都断了，可是你从来没想过，全天下的人，难道就只有你有自尊心吗？我要不然就一辈子仰头看着你，或者干干脆脆的转过身带着我的自尊心接着往前走。你是变不了了，你那个庞大的自尊心，谁都抵抗不了；但我不一样，小仙儿，我得往前走。说这么多，你明白了吗？"

爱在现实中逞强的人，其内心都是"弱者"，所以他们要通过一种过人的强硬，比如向人飙狠话、得理不饶人等方式，让自己体会一种"胜利感"。事实上，表面上逞强者，最终都会将事情搞得越来越糟。真正的强者，都是平和之人，在面对误会时，会和颜悦色地向人解释；在自己犯错时，会主动向他人低头，以求得对方的谅解；在面对别人的冒犯时，仍会以微笑的方式向对方表示出接纳的姿态。这样的人，才是无往而不胜的。

王琳是个飞行员，他的胆识过人，技术一流，在美国的飞行员中属于佼佼者。

有一次，王琳参加一场飞行表演，结果飞机在返回的途中发生了意外——在飞机降落到距离地面300米高空的时候，王琳发现飞机的发动机突然熄火了。

看到这样的情形，王琳自然非常紧张，因为这几乎意味着机毁人亡。当时王琳的飞机里还有两个人，也就是说，三条人命已经危在旦夕了。不过值得庆幸的是，王琳依靠高超的技艺和过人的胆识，仍然把飞机降落在机场，人员也安然无恙，只是受点剐伤。

走下飞机，王琳立即对飞机做了检查，结果发现是因为机械师把燃料加错了。

王琳下了飞机第一件事，就说要见一下那位帮他维修飞机的机械师，人们都以为他要狠狠地痛骂那位粗心大意的机械师一顿，因为这么大的失误，不仅让这架造价昂贵的飞机基本上报废，而且差点还让王琳一行三人一命呜呼。

可是，出人意料的是，王琳见了那位年轻的机械师以后，他走过去揽住机械师的肩膀说："为了相信你不再出现这样的情况，明天要起飞的F—16还要你来维修。"

机械师还沉浸在紧张、沮丧、痛悔的情绪中，听到了这番话以后，简直不相信自己的耳朵，直到王琳离开以后他还没醒过神来。当然，这件事情给了这个机械师一次终生难忘的教诲。而王琳在年轻机械师犯了这么大错误的时候，只是简单寥寥几句含蓄的批评就又重新给机械师机会，机械师又怎么会不感恩戴德呢？下一次检修的时候他一定会万分小心的。

王琳的做法，肯定让机械师终生难忘，认定王琳是个值得尊敬的人。所以，面对他人的失误，我们一定要懂得：只要是人，都可能出现错误，知错能改自然是最好了。拒绝得理不饶人，选择更加委婉的表达，这会让你的心态平和，更会让对方体会到你的大度。

所以，恰到好处地向人表达你的和善，不但能够赢得他人好感，而且还能让人对你心悦诚服，能够体现你做人的境界。相反，暴风骤雨式的凌厉、尖刻，只会激发他人的反感厌恶。要知道，人们欢迎的往往是那些行为友善、令人轻松愉快的人，因为他们的气场是温和的、明亮的，就像冬日的阳光一样。得饶人处且饶人，气场会辐射到更多人身上，如此我们也就拥有了更多的人气，更多的朋友。

别将朋友欠你的人情挂嘴边

生活中，一些人之所以会被冠以"无趣"的标签，在于其总是踩交际的"雷区"，比如一些人因为虚荣心的缘故，为朋友做了事情、送了人情，一旦大功告成，便天天将朋友欠自己的情谊挂在嘴边，生怕对方忘记。或者是帮朋友办成一件事后，便不知道自己姓什么了，将小事说成是大事，生怕人家忘了自己曾经出过力、立过功，这样只会无形之中给对方造成一种心理负担和心理压力，致使破坏友情。

上大学时，有两位交情颇深的朋友：陈斌与刘雷，毕业后留在了同一所城市，所以经常聚在一起谈天说地。可近两年，两人和我的关系依然要好，而他两个人却不怎么来往了。因为平时工作太忙，我也没去深纠其中的缘由，后来从侧面了解了，他俩关系出现"僵局"都因为一件事。

就在前年，陈斌在亲戚的推荐下，进了一家待遇甚好的单位，而当时的刘雷换了几份工作后，感到不满意，处于迷茫的状态。他经常身无分文，日子过得很是辛酸。后来，我们三个人在一起聚，都为刘雷的窘迫境遇而深感痛惜。那段时间，我们三个人之间，就数陈斌混得最好，而刘雷因为太穷，所以会经常向陈斌借钱，但没过几天，他都会如数还上。那一次，我们三个人又在一起聚，当天刘雷又想往陈斌借钱。恰好，那天陈斌刚在单位升了职，很是高兴，便爽快地答应借给他几千块钱，最后还大方地说："都是老哥们儿了，拿去花吧，不用还了！"

刘雷很是高兴，没想到陈斌这么热情。后来，陈斌就在他们的同学中到处宣传自己的善举：他借给刘雷几千块钱钱救急，并说明自己借给他的这些钱，还不用他再还的。后来，这话又传到了刘雷的耳朵中，感觉陈斌的举动严重伤害了自己的自尊心，随即就把钱又还给了陈斌。从那之后，他便很少与陈斌来往了。

陈斌的原本是想帮助刘雷的，这令刘雷也非常感动。但是在后来，他心中就一直怀有一种优越感，觉得自己帮助刘雷很了不起，就到处宣扬自己的善举，最终严重伤害了刘雷的自尊心，也伤害了朋友间的情谊。

在人际交往中，如陈斌这种做法只是费力不讨好，将自己的付出一并磨灭掉。从心理学的角度分析：很多时候，你确实帮了朋友的忙，却没有增加自己人情账户的收入，主要是因为你骄傲的态度，将这笔账抵销了，最终还会使朋友对你敬而远之。

其实，为朋友做了事、送了人情后，不要担心朋友因为你不说就忘记你的人情，对方不说也并不因为对方心里不清楚，如果你多说，对方可能会尽快地想方设法去还你的人情，之后便会对你敬而远之。在以后的交往中，即使你再有能耐，朋友亦会另请高明。所以，在帮助朋友后，一定要端正心态，正确地对待你的付出。

要知道，与人做朋友，相互帮忙是应该的，切不可像做生意那样去赤裸裸地算计人情，这样只会让朋友觉得你很势利，或者认为你是个利欲熏心的人，从而最终远离你。另外，除了不将朋友欠你的人情放在嘴边外，还要谨记以下两个原则：

1. 管好你的嘴巴

我们要想与朋友保持良好的关系，就一定要管好你的嘴。切不可说话不分场合，张嘴乱说，如果有意或无意地触碰了朋友的隐私底线，只会让你惹出一些不必要的麻烦，还会损害自己的名气。

关于此，马克思就做得很好：

马克思住在巴黎的时候，与诗人海涅之间建立了深厚的友谊。海涅是位思想前行者，在与马克思相交的过程中，写下了很多战斗诗篇。

夜晚的时候，海涅总会找到马克思去向他朗诵自己的新作。马克思和夫人就一起帮助他加工、修改、润色，对此，马克思从来不向外人说起过关于海涅的事情，直到海涅的诗作在报章上发表为止。海涅也称马克思是自己"最能保守秘密"的朋友。

因为马克思对海涅的秘密始终"守口如瓶"，最终才能得到对方的最为深切的信赖，随后他们的友谊才能不断加深。

2. 不要去触碰朋友的隐私

每个人都有自己的不可碰的隐私，朋友也是如此。这些隐私就如每个人的"着火点"，一旦触所，便可以伤害到对方。所以，我们在与朋友的交往过程中，一定不要过多地去碰对方的隐私，不该知道的就不要去打听，比如："你以前交过多少个男朋友？你有几个耳洞？你有文身吗？"等等，这些问题不是亲密的朋友，最好不要去问及对方，否则，会让对方感到你居心不良，或者认为你是个爱管闲事的人，从而对你生厌。

但若你在说话的时候一不小心碰触到了对方的"着火点"，让对方感到不快时，那么你就应该及时采取适当的方式转移对方的注意力，这样就可以弱化他人因为冒犯他的隐私而对你产生的厌恶感。

交义不交财：关系再亲密，也要明算账

在交际中，要把握的另一个分寸就是"交义不交财"，即关系再好的朋友，在涉及金钱利益的时候，也要明算账，不可稀里糊涂地因为利益问题而让人生厌。其实，朋友之间，礼尚往来，互赠物品，或者在适当的时候，一起吃饭喝酒等，是情理中的事。但生活中，却经常见到一些自认可以与朋友同生共死的人，为了义气，可以与朋友"有衣同穿，有钱同用"，亲密得让人红了眼。可是后来会因为扯不清的经济账而心存芥蒂，甚至分道扬镳，实在是得不偿失的事情。

心理学上有一项关于人对金钱态度的研究，发现人们在心理上对金钱的看法有五个关键的因素：

1. 权利与声望，以金钱来影响他人，视金钱为衡量成功的工具；

2. 节省时间，对未来经济状况做完善的规划；

3. 信赖度，对有关金钱的事物保持着怀疑和不信任的态度；

4. 质量，相信金钱可以换取比较优质的产品和服务；

5. 焦虑，金钱既是焦虑的来源，也是避免焦虑的方法。

这个研究告诉我们，人们对于自己的钱看得还是比较重要的。这样就很好理解"亲兄弟，明算账"的含义了，和你是兄弟，这是亲情上，但是在金钱分配方面，必须算清楚，因为我害怕焦虑，内心需要安全感。所以，在与朋友相处时，牵涉利益问题时，一定要算清楚，以免伤害彼此间的友情。

最近，李明跟铁哥们儿张俊闹翻了！起因是张俊向朋友抱怨两

人在一起总是花他的钱。

李明和张俊从初中到大学都是很要好的朋友，刚毕业时，两人在一起合租房子。那时候，两人关系极为亲密，每月发了工资都会随手放到客厅的抽屉里，谁想用就自己去拿，从来不分你我。当时，两人还戏称这种情况是"小共产主义"。

后来，由于工作的变动，两人就分开租房了。但是感情没变，谁缺了钱只要对方吱一声，钱马上就会送过去，从来不记账什么的。

在年初的时候，张俊交了个女朋友，花费一下子多了起来，于是就经常到李明那里拿钱，李明渐渐地就有点不高兴。

有一次，张俊又要向他借1000元，李明当场就拒绝了他。张俊当即很是生气，就与周围的同学抱怨："这么多年了，这小子不知道跟我拿了多少钱，一起吃喝都是我付账，没想到现在却翻脸就不认人了！"没想到，这话竟然传到了李明的耳朵里，就很生气地质问张俊："你还有理说，你花我了多少钱？上次你妈住院，我不是就送去了6000块吗？刚毕业的时候，我挣得工资比你多一倍，那些钱都让谁花了？"为此，两人就大吵了一架，从此分道扬镳，谁也不理谁了！

俗话说："交义不交财，交财两不来；要想朋友好，金钱少打扰。"如果将友谊建筑在金钱的基础上，就像将大楼建在沙滩上一样，是极不牢靠的。而且严格地说，这种友谊也不能算得上是真正的友谊。如果朋友间的交往都像李明与张俊这样，经济上长期不分你我，必然带来许多恶果。

首先，它会使彼此间的友谊变质，使本来纯洁的友谊蒙上金钱和物质至上主义的灰尘。久而久之，朋友间平等的关系必然被金钱交换关系所取代。这时候，被金钱腐蚀了的"友谊"就可能变成掩盖错误甚至是包庇违法犯罪行为的"保护伞"。

再者，"以财交友，财尽则交绝"，因为彼此间的情谊受金钱腐蚀，友谊最终会因为"财尽"而不复存在。

然而，朋友之间交往，总是免不了要牵涉经济问题，比如请客吃饭、婚丧嫁娶送礼、朋友相互借钱等，面对这些经济问题，我们应如何做，才能在"明算账"的同时，又不伤害朋友间的情谊呢？

1. 请客吃饭

朋友之间为了增进友谊，加深彼此间的了解，在一起吃饭、娱乐都是极正常的。在这种情况下，我们最好采用 AA 制。你摆出一副亲兄弟明算账的架势，就一定能得到大家的理解和认可。但是需要注意的是，有些朋友不喜欢 AA 制，觉得这样做会疏远了彼此间的感情，那么，事先先与朋友沟通好，要将 AA 制的形式提前提出来，然后才能执行。

2. 婚丧嫁娶

这是人情礼，遇到红白喜事，朋友之间都要送礼表达心意，但是在送礼的时候，一定要把握好这个度。

首先不能超出自己的经济承受水平，量入为出；再者还要考虑到对方的经济条件，因为这些人情礼都是要"还"给你的，你礼送得太重，就等于无形之中给朋友加上了包袱，这样做也是极不合适的。

3. 朋友间相互借钱

这是朋友间极为敏感的话题。如果有朋友提出向你借钱，你一定要考虑几个因素：首先这个朋友是不是个讲信用的人，再好的朋友也应该考虑他的道德问题，对于品质不好的人本身就不值得你为借不借钱给他而发愁；其次是自己的经济实力，你是否真的有一笔这样的闲钱借给对方。如果没有，可以直接向对方说明情况，如果是真朋友，对方一定会理解的；最后，还要考虑对方是否有还钱能力，自己辛辛苦苦挣来的钱当然要花在刀刃上，有去无回的借钱是任何人都不能忍受的。

其实，朋友之间经济上的相互援助也是应该的。但你也要明白，援助从来都是相互的，即便被帮助的一方无能力以对等的回报给对方时，自己心里也要有数。记住"来而不往非礼也"的古训。当有机会对朋友的帮助进行报答时，一定要及时报答，使这种物质上的来往大体保持平衡。

当在朋友之间已经和正在产生较大的经济利益关系时，则不要忘记"好朋友还须明算账"，采取适当的方法，互相尊重对方的权益，商妥处理相互经济利益关系的原则和方法，把权利、义务关系弄清楚。这样做，看似无情，实则有义，"买是买，送是送"，可以避免许多无益而有害的纠纷，使友谊更加牢固。

友谊的基础是想法、兴趣爱好上的一致，和事业理想上的共同追求，而经济上的互助只是友谊的派生物。如果有人认为友谊是金钱上的互通有无，那么他永远也交不到真正的朋友。

人际交往中的那些"隐性分寸"

所谓的"知趣"就是要把握好交际的"度"，同时也能洞悉交际中的各种潜在的、隐秘的规则。比如，当你是一个女人，在与同性交际的时候，需要把握一个原则，那就是你的穿着、打扮一定不能盖过她，当然如果你们是极为要好的闺蜜或彼此间极为熟悉的朋友，那就不必遵循这个隐性规则。最近，我就听到一位曾经的女同学这样向我诉苦：

"老同学，我最近苦恼极了，真是讨厌和女客户、女同事打交道。每次，我跟公司的男客户谈生意，都能在谈笑间轻松地将生意搞定，可一到了女客户那里，就会被一些莫名其妙的问题所难倒，即便我把条件降到底线，依然讨不得她们的一个笑容！她们的刻薄、古怪，真让人难以忍受！你是搞人际心理学的，能不能帮我分析分析这究竟是什么原因？"

听到她的诉苦，我反问她："你每次出去谈生意，是不是总将自己打扮得极其精致和漂亮？换句话说，你是不是对个人的仪表、外形精益求精呢？"

她回话道："那是当然了，要搞定客户，肯定要事先将自己打扮得光鲜亮丽呢？否则，会让客户觉得你不够重视他！"

我笑道："那就对了，你将自己打扮得光彩照人，肯定会在男性客户那里加分；但在女性那里，呵呵，可能就会减分。"

她有些惊愕地说："那是为什么呢？"

我不得不向她洞悉了女性与女性交际的一些规则："你装扮得那么漂亮和精致，风头盖过了对方，就是在贬低对方的服饰，就如同对一个相貌平平的女人说她长得丑陋一样。你无意间'贬低'对方，人家自然不愿意与你合作了。"

那位女同学马上夸赞道："你分析得太有道理了，我说每次与那些女性客户见面，还未我开口说生意的事，她们却总用眼睛侧目地瞟我，很反感我的样子！"

其实，生活中，许多女性都有着以上的苦恼。她们似乎都愿意与男士交往：无论是谈合作，还是办事，在异性那里都很容易搞定，但一到了同性面前，便面临着各种挑剔或拒绝。对女人来说，似乎与同性的交往更难一些。但是，我们也不难发现，但凡那些与同性"合不来"的女人，都有一个特点，那就是与女客户见面，打扮、服饰，其华丽和精致度都会盖过对方。这对对方来说，其实是一种示威：看看吧，我可比你强百倍！

要知道，"认同感"是每个人的心理欲求。刚一出场，你的"体面"已经完全压倒了对方，还让她如何平心地对待你呢？

这里就涉及女性心理学：在异性间，女人永远不希望对方比自己弱；在同性间，女人永远不希望对方比自己强。所以，如果你是一个女性，要搞定另一个女性，首先一定要保证你的穿着比她"差"，同时，还要从细节方面入手去夸赞她的衣饰，如此一来，对方的"心门"便会轻易为你敞开。

明白了吧，这是女性与女性交际的一种隐秘的分寸感，也是首先要做到的一点。接下来，你要获得对方的认可，还要从"服饰"上入手，那就是要从细节入手，夸赞她的衣饰。比如，你可以说："你这套衣服是在哪里买的，款式正配你的身材，颜色也和你的肤色协调，可真是绝配啊！"这话就如同一把钥匙，能瞬间打开她原本紧闭的心门，接下来，便很容易视你为知己。

心理学家指出，但凡女人愿意穿戴出来的衣服饰品，无不是她精挑细选过的。你能认同她的服饰，也就等于认同了她的审美、眼光和品位，也等于认同了她所做的所有努力，如此这样，你们接下来的谈话就会畅快许多。

身为女性，你也该有同样的感受：与一位陌生女性初次见面，如果你打量她后，先对她的衣饰夸赞一番，对方便会迅速地对你展露出真诚甜美的笑容，接下来的交谈就变得融洽多了。可见，以衣服和首饰做话题，是打开女人心扉，获得好感的一个重要方法。所以，如果你觉得与女人交往有困难，觉得女人对你总是不冷不热的，那就试着从赞美她的"服饰"开始吧。面对你的赞美，她的脸上表情暂时没有太大的变化，但是请你相信，她的心中已经有了不一样的触动。

身为女性，在男性面前要适当示弱

如果你是一个女性，如若掌握了同性间交际的隐秘规则，那么与异性之间又有何规则呢？也就是说，在生活中，你该如何去赢得男性朋友的好感呢？

张荣是一家保险公司的销售员，她已经两个月没有与客户签单子了，这让她很是着急。

这一天，她来找一家企业谈签单的事情，客户以开会的理由推脱了。张荣一直在公司的走廊上等候。

在下午快下班的时候，终于看到老总从会议室出来了，她面带微笑，说自己已经等了一整天了，中午饭都没吃，并乞求他能给个机会聊一聊。

那位老总看她态度诚恳，而且面色苍白，显然是中午没吃饭，一直饿到现在。于是，心一下子软了下来，就勉强将张荣请进办公室里。

在谈话中，老总问张荣："这么努力啊，还真没见过像你这么拼命的业务员！"

张荣微笑了一下说："不拼命是不行了，孩子生病住院3个月了，急需用钱……如果这个月再不签单，家里的生活可能也维持不下去了！"说着，眼中便泛起了泪花。老总看到她的样子，也不好再说什么了，随即便与她签了合同。

几乎所有的男人都有与生俱来的保护欲望，在遇到柔弱的女性的时候，这种保护欲便会激增，所以，女人要想与男人交往，就要善于借用这种隐秘心绪，适当地示弱，以激发他的保护欲。

这其实是告诉女人，在与男人交往时，一定要放下自己的姿态，切勿表现出一副强大且咄咄逼人的气势。否则，很难获得男士的信赖和好感。一个真正富有智慧的女人，一定是懂得示弱的：当工作遇到挫折时，她们不会硬拼强攻，而是会暂时放下，让自己的心静下来后，再想办法解决；当与人发生矛盾时，也不会强硬，而是懂得用宽容和大度取得和解；当与家庭成员发生冲突时，会主动示弱，达到和解的目的。上帝要创造人类的时候，故意把男人打造得强健结实。可是，到了打造女人的时候，却偏偏只用了男人的一根肋骨。也就是说，从人类诞生的那一刻起，就已经注定了男人和女人的特性：男人是刚强的，女人是柔弱的。既然女人的特性是柔弱，那么把"柔"或"弱"的一面发挥好了，也自然能够克刚。

对此，张爱玲说过，善于低头的女人是最厉害的女人。男人生来就有一种保护欲，同情弱者，怜香惜玉。无论在婚恋场，还是交际场上，女人如果在恰当的时候主动示弱，男人自然会被这一天然武器制服，对女人倍加呵护，百般顺从。

曾经听过一位男性朋友讲述了他与"弱者"过招的经历：

当时，电视台邀请他与某女士同时参加一个互动节目。在商量表演方案的时候，那位女士说了一句："我觉得你很有主见，我都听你的。"就这么一句话，这位男性朋友当场就被"制服"了。于是，他思想前后地出主意，他整个人完全被那位女士的赞美给控制了，也同时被这位女士的迷人气质给迷住了。他觉得，那一刻自己变成了强者，而那位女士则始终都以弱者的身份在调配着他的方案。节目录完之后，他感慨颇多，觉得真正聪明的女孩子不该显示自己有多能干，而是该学会如何示弱，这样的女人拥有最迷人的气质，无论相貌怎样，都能让男人产生好感。

一个女人如果处处强势，那么无异就等于在挑战男人的尊严，当男人的力量和威信在女人面前变成了空气，那他还会对你产生好感吗？

其实，无论你是什么样的女人，其内心都是脆弱的，这是女性的天性使然。所以，身为女人，没有必要去掩盖自己的这种天性，也没有必要在一个男人面前表现得过于强大，无须保护，凡事都亲力亲为。这样等于掩盖了女人本该有的弱者"气质"，男人自然会感到压抑，不会对你产生好感。古今中外，很多男人都是被女人打败的，但女人用的武器不是力量，而是以柔克刚的智慧。示弱，低调，柔和，都是以柔克刚的需要，也是以退为进的表现。

身为女人，在工作中喜"挑战"是无可厚非的，但是在交际场和婚恋场上，在男人面前，就该学会示弱，懂得低头，这样才有可能得到帮助，获得宠爱。比如，工作中，当你工作遇到困难时，你可以以娇弱的口吻与向男同事寻求帮助。比如，在家中，当你的男人做错事的时候，不要非抓着她的小辫子不放，让他当面跟你赔礼道歉，承认错误，那就错了，这样只会激怒男人，让他为了自尊而强词夺理。与其这样，不如悄悄低下头，必要时再流出一点眼泪，这样的"退步"会让男人对你充满感激，因为多半男人对弱小的事物都有一种保护和迁就的心理，更何况是面对自己的女人呢？

另外，要提醒女人一点，示弱是讲求条件的。示弱，说的是在原则性的问题上坚决不能够妥协，在无所谓的争执上要退让一步，在需要男人帮助的时候说一声，不要什么事情都争强好胜。千万不要傻到把软弱当成示弱，在男人面前摇尾乞怜，事事依赖着男人。换句话说，有些事你应该会做，但你不一定非要去做。把那片伟岸的天空交给男人，你悄悄地退后一步，看似是男人得到了天下，殊不知你才是背后最大的赢家，因为你赢得了他的心！

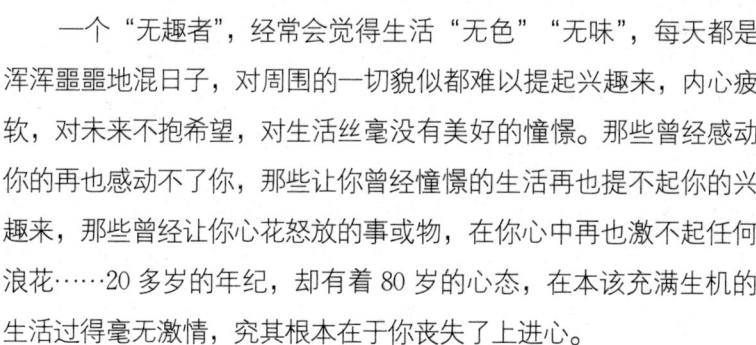

第四章

常被“无聊”缠绕，是因丧失了上进心

　　一个“无趣者”，经常会觉得生活“无色”“无味”，每天都是浑浑噩噩地混日子，对周围的一切貌似都难以提起兴趣来，内心疲软，对未来不抱希望，对生活丝毫没有美好的憧憬。那些曾经感动你的再也感动不了你，那些让你曾经憧憬的生活再也提不起你的兴趣来，那些曾经让你心花怒放的事或物，在你心中再也激不起任何浪花……20多岁的年纪，却有着80岁的心态，在本该充满生机的生活过得毫无激情，究其根本在于你丧失了上进心。

　　有人说，一个人变老的两大标志是不断后退的发际线和不断增长的腰围。其实，一个人真正变老的标志是，他放弃了学习，放弃了提升自己，觉得人生一眼望得到头，不会再有改变。所以，要成为一个有趣者，那就重拾起你曾经的梦想，让充满斗志的上进心来激活你的乏味且一成不变的生活吧！

你的无趣在于懒，还懒得心安理得

枚姑娘是我之前的一位同事，算起来我俩也算是同一时间进入那一家单位的，那时候的我们都刚毕业不久，意气风发，都很拼命地工作，想在单位出人头地。但她不久后就结了婚，随后便辞职了。后来听说她自结婚后，就在家闲着了，再没出去工作，自此很长一段时间都没有她的任何消息。

有一次，她突然给我发信息，说自己无聊得快长霉了，想找个人聊聊天。我问她的境况，她说自己自结婚后再也没有上过班，整天在家无所事事，反正有老公上班养着自己，日子还算过得去，但就是太无聊了。我惊愕问道："记得你刚毕业时，是挺有理想的人啊？现在怎么心安理得地这样的生活了呢？"她说："嗨，我起点低，读的又不是名牌大学，就算再努力，也做不出什么成就来！再说，我是个女孩子，迟早得要嫁人、生子的……"对她的变化，我有些吃惊，因为以我之前对她一心求上进的印象，是断然不会说这样的话的。

接下来的几天，她曾不断地向我倾吐她内心的苦闷："日子真是太无聊了，本来计划看看书，想学点专业新媒体方面的知识，但把书买回来之后，扔那儿一个月了连一页都没看下去；本想着和之前的朋友或同事见个面，却迟迟不想出门，整天宅在家里无所事事，心里焦虑极了……"

我建议她去找份工作，让自己忙起来，就不会那么焦虑了。可她却说自己早已经与社会脱节了，许多工作已经很难胜任了。找一个一般性的工作，赚得又太少，每天还得来回奔波……听到她的各种借口，我也不好再说什么了，而她则仍然在各种无聊中焦虑……

实际上，很多人无趣，常觉生活无聊，其根本的症结在于懒，并且懒得心安理得。没错，你可以选择躺在地上懒着不动：反正我的起点低，反正我技不如人，反正我的父辈没有好的资源，反正我是女孩子，不用那么拼命……有无数个"反正"为自己的懒找理由。但是没有人会看你一眼，每个人都在前行。当别人在飞翔，你依然躺在地上，恐怕你一生的时间都只能用来数伤口了。

我身边也有不少这样的朋友，对工作的积极性不高，能完成自己不多的工作量，没有提升自我的决心，社交也是乏善可陈，不喜欢出门，周末宅在家里打电玩追电视剧，不热爱运动也懒得去运动，没有喜欢的人也懒得去找，不读书、不旅行，对周遭世界和同行业的认知越来越少，而体重却在不断地飙升……为了不让自己懒下去，便想用"计划"来约束自己，可最终发现，今年你打算实现的计划就是去年新年制订的，前年策划过要执行的，大前年构思的——总之都是同一个目标，却一直未被实现。可能我们每一年的新年目标都只是把去年的目标重复一遍。

说好的要多阅读，说好的要自我提升，可是当你志得意满地将书买回家，刚翻没几页，便又开始不停地刷手机。

说好的要减肥塑形，要保持健康，可你心血来潮地在楼下刚跑上两圈，便以各种理由放弃。

说好的要好好工作，要做出业绩，可一到单位便提不起精神来，刚碰到一工作难题便找各种借口逃避。

说好的要好好谈一场恋爱，要早日脱单，却迟迟走不出那一步，哪怕是遇到心动的人也不敢大胆去追……

于是，你开始一边抱怨日子无聊、生活乏味，一边又找不到解决的办法。其实，你所有的症结在于"懒"，并且懒得心安理得。

偶尔你看到博闻强识学富五车者，便羡慕得不得了，便在内心暗暗下了无数个决定，要多读书，多思考。

看到别人笔直的身形和撩人的马甲线，你便愧疚得不得了，一遍又一遍地捏着肥厚的肚腩告诫自己，不能再胖了。

在马路上，看到甜蜜十足的恋人，你便暗暗发誓自己不能一直这样，一定要尽早脱单。

看到与自己能力差不多的同事因为拼命工作而升职加职，你开始暗暗激励自己一定要努力，有进取心……

可最终的事实呢？几天后，这些曾经的"热血沸腾"的立即被抛到九霄云外，自己又惯性地回归到原本无聊的生活模式中。

人们很容易因为懒而陷入趋同且无趣的生活模式，在这种模式中，我们逐渐也成为无趣者。我们常被固定的生活模式框定着，并在其中享受着"不改变"的安逸，又一边抱怨生活的无聊、日子的无趣。你拒绝改变，却又嫌弃人生的乏味。所以只能在无聊、无趣中恶性循环。为此，从现在开始去寻求改变吧，从固定的生活框架中大胆地走出来，去坚持阅读、去跑步，去重拾自己曾经的梦想，大胆地去奋斗，去过热气腾腾的生活吧，只有那样才能让自己更真切地感受到这个世界的光芒和精彩，才能在生命的尽头毫无遗憾地说：这世界我真正来过！

你所追求的稳定，不过是稳定地无聊着

多数人的观念里，都注重求"稳"：找一份稳定的工作，领着稳定的工资，过着日复一日、年复一年的稳定的生活。这种稳定能给人一种"安全感"，觉得自己的一生能在既定的轨道上走着，其生存

和生活便有了保证。实际上，"稳定"的工作不一定是好工作，你的追求的"稳定"也在一定程度上泯灭了你的追求和向上的动力。很多时候，你所追求的"稳定"，不过是稳定地无聊着。

梅姑娘最近和家里正闹别扭，当天我们一群人在外撸串，我隐隐地躲在不远处打电话的梅姑娘貌似和父亲发生了激烈的争吵。后来，在旁人嘴里，我听说了她的事情。

梅姑娘长得高挑，成长于书香门第的她，气质也不错。她的老家在江南的一个三线城市，父亲是一家报社的领导，母亲也在一家银行工作。按理说，家庭条件如此优渥的她，应该在老家找一份闲职，舒舒服服地过日子才是。可梅姑娘偏不，个性要强的她非要只身一人到北京搞写作。当然，她有自己的理由：年轻应该有一次奋不顾身的闯荡，否则这辈子活得会很亏。她来京闯荡，可家里的父母深感不安，不停地打电话让她回去，同时还在老家为她找了一份工作，一家报社的编辑。父亲的催她回家的理由很简单：你不是爱写作吗，在老家也可以写呀，为啥非要跑北京去呢？梅姑娘则不干，她觉得在老家太过安逸，没办法尝到那种在大城市闯荡的"酸爽感"。

一个朋友听到她的理由，笑着说："回到老家每月可领到3000多元的薪水，吃住全包，'三险一金'，在当地这是标准的'金饭碗'啊，更何况回家有爸妈疼着，为何非得在这里给自己找罪受呢！"

梅姑娘说："我就爱折腾。你说的那'金饭碗'的工作，在我眼里却是'坐吃等死'，我每天得小心翼翼地恭维着上司，写千篇一律的东西，环境真是太压抑了……每天过千篇一律的生活，吃差不多的饭菜，一眼能望到尽头的人生，想想就觉得没意思！北京虽然压力大、生活苦，但是机会多啊，生活也丰富，每天都能接触不同的人，对生活有新的渴望，这才叫带劲！"

除了追求的有趣的人生外，梅姑娘生活中也是一个极有趣的人。她每天除了工作外，还潜心学习养花，家里的阳台上养了各种各样极为罕见的花，经常用各种食物的汁给花搭配"营养液"；她还学弹吉他，只为了能让那些植物能"心情愉悦"地成长……在与我们一起撸串时，她兴致来了还会偶尔给我们来一曲，这样的梅姑娘，总能成为我们谈论的焦点……

事实上，想成为有趣的人，先得从追求有趣的生活、有趣的人生开始。但有趣的生活，一定是鲜活的，充满变数的，而不是死气沉沉的。生活中，很多人所追求的稳定，可能就是不思进取、沉闷和无聊。正如作家李尚龙所说："直到时代把你逼到了悬崖口，你才发现水一直是动着的。而且不是很缓的小溪式的流动，而是瀑布一般的流动。他发现世界上没有稳定，只有每天进步的生活才是稳定的生活。"

有句话是说，笼中的鸟得到了安逸，失去的就是自由；温水中的青蛙得到了安逸，失去的却是生机。多数时候，稳定就意味着清闲事少、可以不思进取坐收稳定收入的工作，缺乏竞争式的环境，被框定的生活轨迹等，这实际上在逃避竞争，是不思上进的表现。

好友老李，最近在找工作。不过与许多人挤破头都要进的稳定的大型国企不同，他找工作是为了逃离"稳定"。对老李的做法，有些不解，问他为何要这么做，他的回答让人印象深刻："我换工作不是因为稳定的工作不好，相反我倒觉得是太好了，好到我觉得不该年纪轻轻就去贪图享受，不思进取！"

一些大型企业的工作虽然稳定，相对轻松，不用担心被辞退或者发不出工资来，最起码"五险一金"能正常交，福利待遇也不错，请假什么的也更方便。更关键的是同事都是受过高等教育的人，素质普遍都较高，比较好相处。但是，就是觉得没意思，工作内容几乎被程式化了，毫无挑战性，这让他觉得自己作为名牌高校的"高材生"有些憋屈。

在体制内工作的几年，老李确实觉得很稳定，过得挺踏实，但也极为无聊，看不到希望。虽然他工作努力，经常也是加班加点，但因为是大型企业，工资不可能有大幅度的提升，更不可能翻倍，最重要的是，他在大学学的那点知识，根本派不上用上，他对工作的很多想法也得不到实施，每天都是程式化的工作、程式化的生活，让他感到心身疲倦。

追求"稳定"并没有错，错在于你总想躺在"稳定"中不思进取、不劳而获、停止成长，错在于你被"稳定"框死的生活乃至人生。每天在朝九晚五中，一边叫嚣着"世界很大，我想出去看看"，一边又抱怨着被"稳定"框死的生活。要知道，生活是自己的，无论在哪儿，你都应该有一颗充满热血的心，在"稳定"中的你依然可以奋力进取，培养自己的特长，考几个资格证，为你以后的生活添一份保障；你也可以在下班后，去坚持做自己喜欢的事，将日子过成诗，将生活经营得五光十色……

你内心的状态，决定了你世界的状态

高哥是我的老乡，为人处事没什么坏心眼儿，可与他在一起总觉得内心堆满了怨气。

一次，老乡在一起搞聚餐，有一个人向大家展露了他几个月坚持锻炼的结果：满腹的肌肉群，让大家好生羡慕，纷纷都称赞他有毅力、正能量。高哥却冷不丁来了句："就是满腹的肌肉也不代表你身体好啊，你这分明是自虐呀！"接下来，有人向我们晒出了他最近在国外海边度假的照片，大家都正在大赞海边的风景真美的时候，高哥却说："中国也有海，那些跑到国外看海的人，都是在装时髦、充大款！"后来，有人说哪部电视剧好看，高哥却会嗤之以鼻地说："那是纯粹的偶像剧，有什么好看呀！那种脑残的剧情，也就骗骗你们这些人的眼泪罢了！"后来有人说我们该点几只阳澄湖吃大闸蟹，大家都觉得此建议不错的时候，高哥却冷冷地说："螃蟹有啥好吃的，没劲！""那你有啥建议吗？""没有，随便"……高哥的无趣和不停地向大家泼冷水，所以那天没多久便草草地散了场，搞得大家都很不高兴。

自那之后，我也意识到，其实在我的身边有很多高哥这样的人，总是喜欢给别人泼冷水，打压你正在兴头上的那份热情。自己没出过国，便断定国外根本没什么可好玩的；或者自己从不锻炼，却对那些热爱运动的人嗤之以鼻；失恋了一两次，便断定世界上没有真爱；被朋友伤过一次，便判定人与人之间毫无真情可言……在这些人的心里，整个世界都是灰暗的。他们的生活过得极为消极，在人多的时候，借机将自己内心的消极情绪传播出来。自己的日子过得昏沉、无趣，还将身边的环境也搞得昏天暗地。

一个人内心的状态决定了其生活的状态，你自己内心贫乏，才会觉得日子昏暗、无聊；你什么都持怀疑态度，才会觉得这个世界没有可信赖的人与物。实际上，这个世界没你说的那么糟糕，只不过你内心充满了悲观和怨气而已。

有一个经典的故事，讲的是一位妇女在阳台上晾衣服的时候，转眼就看到邻居晾着的衣服中有一大块黑色的污垢，她就想道："这家人怎么搞的啊，衣服都洗不干净，她家中一定很乱，夫妇俩一定是在闹离婚呢！"

第二天，这位妇女再一次发现邻居晾着的衣服中又有了一块污垢，她就想道："真是无可救药了，怎么会有这样的一家人啊！"

每天，她在晾衣服的时候都会发现这样的情况。

这一天，她终于无法忍受了，就对丈夫抱怨说："对面那家人怎么搞的，衣服怎么没洗干净就晾起来了！"

丈夫听了很是奇怪，就来到了阳台边，顺着妇女手指的方向望去。果然，对方阳台上晾着的衣服上有很大的一块脏东西，在阳光下很是显眼。这个时候，一阵风吹过来，衣服就开始摇摇晃晃，在风中不停地飘动着，丈夫才发现那衣服与"污垢"很是不对称。她就走到窗户旁边，拿起洁净的抹布向玻璃窗擦拭了一下子，又使劲地向它哈了一口气。

"这下不就干净了吗？"丈夫笑着对她说道。

那衣服在阳光下摇摆飘逸着，是如此的雪白无瑕，没有任何污垢。

最终，妇女哑口无言，原来是自家的窗户脏了。

其实，世界并不如你想象的那么"脏"和不堪，人心也没有你想象的那样丑陋，如果你总是沉沦在悲观的世界中，所以你才难以看到外界的美好。实际上，如若你能往后站一步，以更大的视角去看人生，如若你能时时地擦拭你心灵的上"污垢"，你就会发现，你曾经所经历的只是人生的一段小插曲罢了，你曾经以为的"丑陋"，只是因为自己的心被悲伤浸染了而已。

实际上，一时的失恋亦好，真正摆脱它的方式不是躲避，不是试图忘记，更不是丑化，而是接纳。将所有的丑陋的、悲伤的、不堪的当成生命中的一种经历，当成充实生命的材料。要知道，它已经发生了，你从它那里汲取完经验，给它鞠个躬，你还要赶往下一段旅行。

"小团体主义思维"，暴露出你的狭隘

无趣者都有一颗狭隘的内心，总爱发泄或倾吐负能量。比如，职场中会常见一种小团体主义思维的人，具体表现在：一群人总爱聚在一起，臭味相投，彼此说老板或者上司的坏话，好似大家这样做了就是"战友"，而只要有一个人不这样做，就会被"隔离"在小团队之外。

不可否认，每个人都讨厌被管理，讨厌被约束，所以，大家聚在一起组成一个"小团体"，似一群非常铁的好哥们儿，好姐妹。可事实上却不是这样。这样无非是几个失败者聚在一起，彼此互相吐槽消磨唯一那么点儿对工作或生活的热情而已。所以，大家才会集体不快乐。

其实，真正成熟理智的高情商者，都会不自觉地去接近领导或者老板。这样做不是为了讨好，而是为了从他们身上学到优秀的技能、处事能力、眼光韬略或者优秀品质而已。同时，也是为了积极去了解他们的思维方法和内心的真实想法，以此有目的性地去顺利展开自己的工作。同时，在和优秀者在一起的过程也会逐渐地褪掉自己的"员工思维"，这对自己以后的成长有益而无害。

现实中，一些人不愿意和老板或者优秀者为伍，大都因为某些心理原因，比如羡慕、忌妒等。其实，这是一种不成熟的缺乏理智的表现，只要你敢于正视你的这种心理，你就会发现，其实他们并没有你想象的那么讨厌。

刘涛在一家外贸公司工作有 3 年了，他的上司是一位和他年龄相仿的海归。平时除工作上，私下里同事们都爱凑在一起讨论领导

的种种不是。其实，刘涛本人并不是一个八卦的人，但私下里谁不和大伙儿凑在一起说几句领导闲话或坏话，就会被定以"不合群""上司同伙儿"的"罪名"，渐渐地，也就会被大家所孤立。为了与大家打成一片，刘涛只好在大家聚群闲聊的时候，附和说上几句上司的坏话。时间久了，他就真的也越来越厌恶自己的顶头上司了。在接受任务时，他总是忍不住会抱怨几句；工作压力大时，也会向其他同事吐槽上司是如何的不近人情等，与初到单位相比，工作积极性也大大降低，人也变得悲观、消极起来。

3年下来，刘涛几乎没有做出什么成绩，只是在原职位上应付各种差事。突然有一天，他开始反思自己。他问自己：为什么会讨厌上司。他发现自己居然答不出来，同时，他也不否认，上司是个办事稳妥、细致认真的年轻人。他终于明白，他对他的所有的讨厌，都源于内心的各种忌妒：忌妒他比自己外语好；忌妒他有一个良好的家庭环境，可以送他出国留学；忌妒他年轻有为，忌妒他没有吃过什么苦就能安然地享受当下的一切……刘涛也开始承认，自己之所以总躲着上司，是因为觉得站在他身边自己会自惭形秽。

终于，刘涛发现了问题的症结所在，全面地剖析了自己的内心世界。也就是在那一刹那，他开始真实地面对自己的内心，认清现实——承认自己不足。

随即，刘涛变得和其他同事不一样了。他不再是那个经常带头说领导坏话、唯恐天下不乱的人了，也不再是那个整天唉声叹气传播负能量的人。在领导分配任务时，他也不再喜欢和大众站在一条线上，和领导唱反调。

第二天中午，刘涛便主动端着盘子坐在上司的对面，并主动与他搭话。上司看到他面带笑容，便愣住了。便问道："你怎么没和他们一起吃呀？"刘涛笑了，"我这不是要利用一切机会向您多多学习嘛，本来有差距，更得您看齐以提升自己了！"正说着，他们后面的一群同事就在隔几排的位置，依然在小声嘀咕着……

很多时候，我们之所以不愿意与优秀的同事或老板为伍，多是因为忌妒心理在作怪。因为忌妒会让人内心产生不平衡感，进而会产生一种怨恨的心理。当你真正地剖开自己的内心，认识到这些的时候，你就能真正地接纳对方，重新定位自我。

再者，每个优秀者身上都有了不起的地方，你接近他们，也会在不自觉间变得优秀起来。

据说，给李嘉诚开了30多年车的司机，因为年龄大了，准备要辞职离去。李嘉诚看他兢兢业业干了这么多年，为了能让他安度晚年，拿了200万元的支票给他。

司机说不用了，一两千万自己还是拿得出来的。李嘉诚很是诧异，问："你每个月只有五六千元的收入，怎能存下这么多钱呢？"

司机回答说："我在开车的时候您在后面打电话说买哪个地方的地皮，我也会去买一点；您说买哪只股票，我也会跟着买一点，到现在已经有一两千万的资产了。"

这个简短的故事告诉我们：跟着百万赚十万，跟着千万赚百万，跟着亿万赚千万。一根稻草不值钱，绑在白菜上就是白菜的价钱，绑在大闸蟹上就是大闸蟹的价格。跟着苍蝇进厕所，跟着蜂蜜找花朵，跟积极的人在一起，你就是积极的；跟消极的人在一起，也的内心也会变得阴暗不堪。

所以，无论在职场中，还是在现实生活中，你和谁在一起的确很重要，甚至能改变你的成长轨迹，决定你的人生成败。和什么样的人在一起，就会有什么样的人生。和勤奋的人在一起，你不会懒惰；和积极的人在一起，你不会消沉；与智者同行，你会不同凡响；与高人为伍，你能登上巅峰。

心理学家研究认为，人是唯一能够接受暗示的动物。和优者为伍，你对他的成功就会像对待自己的成功一般充满热情。随着时间的推移，你会在心中塑造出自己以及那些和你相似的人的形象，也会采取和这些人相同的价值、态度、行为、思想、意识形态以及信仰。学最好的别人，做最好的自己，学智人之智，成就自我，这也是一条职场成功之道。

在抱怨赚钱少之前，先努力让自己有价值

生活中，有些人无趣，是因为他们有着太强的功利心，只想着如何"得到"，而不想着如何"付出"。他们的眼睛时只盯着如何获得更多的利益，而不是通过付出努力让自己获得利益。比如，在很多场合，我们常会听到类似的抱怨：

"我为老板干活儿，老板给我工资，我的努力足够对得起自己那点少得可怜的工资了。"

"一个月就给我这么一点钱，凭什么让我做这做那?!"

……

很多时候，说这些话的多数是年轻人。他们本来有着丰富的知识、不错的能力，却因为生活在不断的抱怨中而常常必须面临如何找下一份工作的窘境。

多数年轻人不停地换工作，直接原因就在于嫌原来的老板"给得太少"。同时他们逢人便去抱怨老板是如何抠门、苛刻，从不去反思自己为何如此"廉价"。

其实，与其喋喋不休抱怨工资低、赚得少，不如埋头努力，先让自己"值钱"。要"值钱"，就要懂得投资自己。就是说你可以先

把能赚多少工资的事放在一边，想想如何才能得到一个能够让自我不断增值的机会。

你今天的工资可能是三四千块，如果为了多收入一两千块而频繁跳槽，你的生活现状会真正地改变吗？不会的，你照样买不起车子、房子。最终除了让自己不断在奔波中返回"原点"外，别无收获。

其实，刚刚步入社会的前 10 年，大家的工资是没有多大差距的。你的同学也许早你一年升个什么组长、什么领班、助理等，那也不重要。最重要的是你在第一个 10 年里要扎扎实实地投资自己。

当你人生奋斗的第一个 10 年走完了，如果你扎扎实实地把自己的基本功练好了，到第二个 10 年你可能才有机会成为一个部门主管。那时候，你的身价已经很高，你所掌握的资源、学到的各种技能，已经成为别人永远也盗不走的最大财富。那个时候，你可以拿着简历趾高气扬地跳槽，也可以理直气壮地要求现在的老板给你加薪、升职。

在人生的第二个 10 年，你可能会结婚，过着上有老，下有小的生活，如果你还够踏实勤奋，你能干到一个部门经理，你的收入还能勉强支撑一个家庭的开支。所以，你还得继续努力，在各种细节方面去积累经验，不断提升你的"身价"。

前面两个 10 年你如果走得够扎实，那么，你有可能会走入人生奋斗的第三个 10 年。如果说前面的 10 年是自我"身价"的提升阶段，那么，人生的第三个 10 年则是你财富积累的开始。那个时候，你可能会有一家自己的公司，你的收入会远大于你的生活所需，人生的财富也会在此期间暴涨。

可是很不幸，绝大部分的年轻人走不到第三个 10 年。他们往往在人生的第一个 10 年，常常因为计较多几百块钱的工资而放弃大好的学习机会。从此之后，其人生都在不断颠簸中度过。

事实证明，那些在刚开始就注重机会和自我成长的人，最终都能成为不凡者。

在美国西部，有位年轻的小伙子总梦想着自己能成为一句新闻记者，可他缺乏经验又没有熟人。他不知道如何才能得到一份报社的工作。有一天，他灵机一动，给报界名人马克·吐温先生写了一封求助信。

几天后，他就收到了这封改变他未来命运的信，信中说："假如你能按照我所说的去做，我可以帮助你在报界得到一个职位。你现在要告诉我的是，你想到哪家报社去工作？"

小伙子把这封信翻来覆去看了几遍，又异常兴奋地写了一封回信。信中说明了他所心仪报社的名称和地址，并向马克. 吐温诚恳表态，表示愿意听从他的指示。

又过了几天，小伙子收到了马克·吐温的第二封信，信中说："如果你肯暂时只做工作而不拿薪水，你到任何一家报社，那么人家都不会拒绝你；至于薪水问题，你可以慢慢来。你可以对报社的人说，我非常热爱记者的工作，我可以从零做起，并且不需要任何的报酬。听我的，我保证你会找到一份你想要的工作。"

"在你得到第一份工作后，不要以为不拿薪水就可以没有工作压力；正好相反，你一定要全力以赴。得到那家报社的重视以后，你再到各地去采写新闻。如果你所采写的新闻稿件确实符合编辑部的要求，报社自然就会陆续发表你的作品。当你正式成为一名外派记者或者编辑时，也就自然成为这个报社中的一员了。慢慢地，大家也会觉得离不开你，你自然也就不用为自己的薪水而担忧了。"

读完这封信，年轻人异常兴奋，但又有些担心，这的确是一个好办法，但问题是能否行得通。最终，他还是照做了。就这样，他到了一家向往已久的有名气的报社。在报社工作的第一个月里，他遵照马克·吐温的嘱咐，兢兢业业地去学习新闻写作，发掘新闻素材，做好每一件琐碎的小事情。不久他的采访稿终于被编辑部采用了。为此，他很受激励，更加努力，采写的新闻又频频出现在报纸上。

慢慢地，小伙子的才气与名字已经在报社广为人知。几个月后，他收到了另外一家知名报社的聘书，表示愿意出高薪聘请他。他所在的报社听说此事以后，以双倍的薪水待遇将他留了下来。就这样，他在那里继续待了五年，五年后，他已经成为那家报社的主编了。

除了这位小伙子外，另外的几个年轻人在马克·吐温的指导下顺利找到了理想中的工作。这位世界顶级大师告诉年轻人，只要用心，走到哪里都不难找到工作；找对了平台，再付出努力，迅速晋升将不再是难事；"身价"如果高，财富的积累都是轻而易举的事。当然，在此过程中，不要总想着老板能给你什么，而应该想着你能给老板带来什么，那些只知道向老板或单位索取的人，则一定会遭遇失败！人生也一定会是混乱不堪！

千万个理由，只是为了平庸找"借口"

好久没见中学同学柳惠，周日恰巧在某商场遇到她和她的好朋友娟子，便一起到咖啡厅闲聊。

柳惠是一家小公司的会计，拿着一份刚好能糊口的工资。但她对当下的状况不满，总想着能转行，去搞写作。在多年前，她曾给我说，她一直有一个文艺梦，那就是将来能写一本不同凡响的小说，让周围所有人都对她刮目相看。我当时还一直鼓励她，要写出大作来，平时要坚持练习，多看书，多去写感悟，多观察生活。当时的她也曾经听了我的话，去买了一些书，还建了一个博客，说要坚持下去，以在合适的时候改行，实现自己曾经的梦想。

这次，我看见她，便问道："你的写作坚持得怎么样了？"

她瞪着眼睛惊愕道："哦，你竟然还记得那件事。那些事已经成为过去时了……现在都觉得自己老了，哪还想得起去搞文艺，那是年轻时候的一场，在心血来潮的时候安慰一下自己罢了！"

我问她："是遇到什么困难了吗？"

她说："买的那些书，我本想好好坚持阅读下去，但发现自己根本看不进去。建了一个博客，想坚持每天都写点什么，但不知道写些什么，没有读书也没有感悟，工作的事真的好多……"反正她说了一大堆理由，意在说明一个事实：所谓的文艺梦，只是年轻时候的一场梦，她这辈子只能平平庸庸地做个会计！

对此，坐在她身边的娟子竟一针见血地说道："千万个理由，只是为了自己的平庸找借口而已！"

实际上，我们周围也有许多像柳惠一样的人：想起了曾经的梦想，顿时觉得激情满满，于是开始制订各种计划准备坚持学习，总觉得有学不完的东西，但是激情过后，便开始给自己找借口，什么学习条件不具备，旁边没有老师指点，今天工作太累了，想休息一下，等等，渐渐地，又让自己重新回到之前什么都不做、什么想法都没有日子，瞬间又感觉自己又是在消极度日。很快地，罪恶感开始弥漫……渐渐地，这种罪恶感也开始消退，于是又开始心安理得地退回之前慵懒的日子。

实际上，我们周围有很多资质和能力不错的人，最终落得平庸的下场，都源于爱找"借口"。

一位朋友，毕业于北京一所名牌大学的市场营销专业，被一家大型企业的销售部录用。如若他能在这个职位上好好干下去，会有不错的发展前景，可是这位仁兄，干了几个月觉得自己的口才不好，不适合做销售，便辞了职。自此之后便又换了无数行业，至今还没搞清楚自己究竟要干什么。

事实上，没有人天生就会说话，那些有能力销售员的能说会道也不是一天两天练就成的，那是他们无数次被人拒绝的结果！那位说自己口才不好的朋友，实际上是为怒人高手，抱怨的时候也极有能力，看别人争论的时候，自己满嘴的评头论足，但就是不懂得反思自己，将此转化为有价值的销售能力。

同学张彤自毕业之后便开始向周围的人嚷嚷着要创业，并且他还有不错的创业想法，甚至做好了创业规划，但是几年过去了，仍旧在一家公司郁闷地待着。朋友问他为何不去实施自己的想法，他说：缺钱呗！

实际上，张彤缺的不是钱，缺的是行动力。就像马云所说，创业的过程就是你克服一个个难题的过程，如果有钱、有想法，那就不叫创业。张彤已经工作几年了，可他的钱全都花在没有任何投资回报的事情上。全都花在吃喝玩乐以消除自己的郁闷上面，每月都当月光族，周而复始，没有远虑，当一天和尚敲一天钟，得过且过，在创业和不创业的郁闷和纠结中耗费时间和和心力。

毕业于一所普通大学的张硕，总是向我提及他来北京发展的渴望，可几年过去了，他却仍在一家小县城里的一家物业公司浑浑噩噩地混日子。我几次鼓励他想来就来，只需要买张到京的火车票而已，可他总是找借口说，我上的大学太普通，到那里毫无竞争力，找不到工作怎么办？我没有能力，怎么养活自己呢？……在患得患失中，张硕最终还是在小县城里成家了，如今的他已经完全放弃了来大城市闯一闯的想法。

他的问题在于，在还未做一件事之前，头脑中事先为自己设置了特别多的障碍，以致使自己在胆怯中放弃。关于能力的问题，一个人如若不给自己机会去锻炼，又有谁刚开始有能力？一毕业就是社会精英，一创业就马上成功？当别人很努力地学习、很努力地积累、努力地寻求方法，而你却只是待在小地方得过且过，不学习、不看书、不练就生存的技能，空有一颗求上进的心，那也只能在一事无成中空耗生命。要知道，所有能力都是靠努力修来的，不努力想有能力，天才都会成蠢材。但努力，再笨的人也能成为精英。

有一位室友，大家在一起聚餐，他从不埋单，理由是：自己没钱或者是赚不到钱。所有的人都劝他去学一项技能，在一家小公司混日子也不是长久之计，他却他总说自己没时间。

事实上，他有大把的时间，但他的时间都被空耗掉了。别的室友下班后都在阅读、忙着写作，充实自己，而他却在看电视、玩游戏。一到周末，周围的人都忙着自己的事，不搭理他，他又说大家不近人情，整天抱怨说日子无聊。别人通过努力赚了外快，他却总是羡慕无比，总是第一个嚷嚷着让对方请客，但就是不去学习人家是如何好好把握时间创造价值，提升自己的能力的！

张菊总是觉得自己的工作太乏味，她看中了一家大型公司的某个管理职位，可她始终没有勇气去尝试，理由是自己太过缺乏管理知识和经验。所以她买了一堆管理类的书籍，以提升自己的管理技能。但是一年过去了，她却没看上几页。理由是：没有心情看。

事实是，每次她心情好的时候就会去游玩；心情不好的时候会宅在家追剧；心情好的时候会去逛街；心情不好的时候会玩游戏；心情好的时候去享受；心情不好的时候就睡大觉。好坏心情都一样，反正就是不做正事。

……

千万个理由，都只是为平庸找出的借口，只是让堕落的灵魂好受一点。其实，每个人都有潜在的能量，只是很容易被习惯所掩盖、被时间所迷离、被惰性所消磨。

总爱为自己找借口的人，实际上是自制力的一种欠缺，是内心的一种懦弱无力。他们常被现中的各种私欲所掌控，所以他们焦虑烦躁、惶恐不安，他们无所事事、平庸无能，这都不过是无力改变现状的懦弱表现。真正的强者是没有时间焦虑这些的，因为他们一直在追求更好的自己。

毕达哥拉斯曾说过，自制是世界上最强大的力量和财富。它是一种秩序，一种对于快乐与欲望的控制。一个人如果不懂得自制，就好比没有缰绳的野马，只会漫无目的地奔跑；就好比未经修剪过的花园，必将长满野草，杂乱无章。有自制力的人，生活对他而言是享受、是激励、是奖赏；没有自制力的人，生活就是负担、是累赘、是日复一日的受难。

于是，两者的差距会越来越大，结果就是：你从一开始的不甘人下，变成了之后的愤世嫉俗，最后只好寄希望于下一代了。

见识太少、眼界狭窄，所以才会计较多多

记得上大学时，我经常和我们的班长 C 同学在一起做课程和研究项目。大四那年，他已经签约了公司，毕业时他顺利地通过了答辩，便早于我们有了一份稳定的工作。但是，那时的他觉得自己不可一世，觉得是全校最优秀的，所以总是会向我埋怨自己的单位体制有多落后，里面的同事有多难相处，总之都是些鸡毛蒜皮、鸡零狗碎的琐事。那时的他根本没有把精力放在工作上，而是在一些无

关紧要的人事关系上斤斤计较。被负能量缠绕的他，没在那家单位待多久，便被辞退了，那件事据说对他打击挺大。

几年后，我在EMBA的课程上又遇到了他，好久未见，他整个人跟原来完全不一样了，几乎是脱胎换骨，根本没有当年的那股学生气，反而是一副商务精英的模式。寒暄过后，聊起彼此的近况，我说我广告拿了什么奖做出了怎样牛的作品，而班长则一直啧啧称赞，我也自鸣得意，可聊起他时，我才惊讶地发现，班长已经是一家上市公司的高级副总裁了。我不禁追问，这才短短几年，班长是怎么做到的呢？他微微一笑，其实也没什么，无非是见得多了，感觉自己真的有许多不足，就铆足劲想要追赶，也不想做井底之蛙，自以为牛到不行。他轻描淡写的几句话，像是一记耳光，狠狠地抽在我的脸上。班长继续说道，以前觉得自己还挺厉害的，学校的学生会主席，班里的班长，一毕业就有好工作，觉得自己了不起，所以在第一家单位里总是在小事上斤斤计较，但自那之后真正进入社会后才发现，其实自己什么也不是，自己的那点能力，根本不足以在社会上立足。他说，他接触的人越多，见识过的场面越大，到过的地方越多，越是觉得自己的渺小，自己的内心就越是发虚，于是便赶紧给自己充电，所以这不又来学习了嘛。我红着脸低下了头，真的感到惭愧。而班长只是拍拍我的肩膀，不会啊，你这不是也来充电了嘛，你还是对自己有要求的。但事实却是，我来上EMBA的课程，只是为了当时的升职加薪和认识有用的人际资源，根本没有摆正心态想要去学习新的知识。自那之后，我才恍然大悟，其实，我一直都是特别阿Q地活着，以为自己已经看过了高山，没想到无非是原地踏步和自我满足罢了。

一个见识少的人，才会在一些无聊、细小的事情上斤斤计较。正如一位企业家所说的那样，越是见识少、格局小的人，性子越急，脾气越大。的确如此，在我们的周围，也总能发现诸如此类的现象：一线生产线上的小领班，比董事长的脾气还大；一位小人物到餐馆用餐，服务员上错菜，他便会大声呵斥，而一个大人物则会幽默地提醒服务员："你这是要免费请我品尝么！"一个乞丐，整天在街上乞讨，对路上衣着光鲜的人毫无感觉，却忌妒比自己乞讨得多的乞丐，这人估计一直就是一个乞丐了；一位家庭妇女，一天她买了一件衣服，回头习惯性地跟邻居显摆，却发现同样的衣服邻居居然少花了 20 元，于是她内心开始煎熬，这人的格局也就只值 20 元钱了……一个人总为小事着急上火，就是其眼光、胸襟等太过狭小。

一个优秀者，只会将心力放在大事情上，而不会在鸡毛蒜皮的琐事上耗费精力。他们只会关注自己哪些地方还不够优秀，哪里能力还需要去提升，哪些本事还够用，等等，遇事他们只会从自己身上找原因，而不会去过多地苛责他人，更不会去抱怨环境的不尽如人意。

我们每个人刚毕业走出校门的时候，都是心高气傲、动力十足、拥有着广阔的视野和胸怀的人，在大学里，大家都渴望改变世界，那时候我们的内心装的就是整个世界。可是毕业后，当理想在现实中撞壁后，我们便开始在单位中变得斤斤计较：计较老板今天的心情是不是好，计较哪个上司今天是不是瞪了自己一眼，计较生病了是不是有人来陪着，计较今天该穿哪件衣服……我们内心装着的"全世界"渐渐地被这些琐事所消磨，我们也开始变得狭隘。我们站在起点上时，发现那些不如我们却能坚持梦想的人已经悄然跑到了我们的前头，或许在未来的某一天，我们只能远眺他们的背影。

或许你会说，我们都该面对现实，现实毕竟是不尽如人意的，是无奈的，可是，如果我们这样说服自己一点点地怠慢下去，那么若干年后你就会变得得普通人一样，一样地家长里短，一样地为房子、车子和孩子消磨掉美好的时光，一样地追着东家打折西家促销。我们曾经在校园里那样的不安分、不妥协、不放弃，那样的标新立异和不甘落人后，为的就是这样最终的殊途同归吗？

在学校或者家里，我们总是会被教育"那么玩命地工作，没办要折磨自己，跟自己无关的事情别那么主动去沾，不需要事事都会，学那些没用的干吗……"其实，每个人生来都没有标签意识，那些所谓的你该这样、不该那样，都是后天环境强加给你的。当你接纳别人强加给你的标签时，说明你的人生格局就开始变小了。

刘真是文化圈里的人尖儿，身为"90后"的她如今身兼数职，是一家大型文化公司的项目主管，还给出版社写稿出书。当然，她自身的优秀主要源于她博大的见识，因为有识所以从不会在鸡毛蒜皮的小事来耗费自己的精力。

一次，闺蜜很认真地问刘真："你觉得你的工作快乐吗？"

刘真说："挺好的呀。"

闺蜜又问她："你们公司有钩心斗角，有人事争斗吗？"

刘真特认真地回答："我不知道。"

对方双接着问："那你会参与公司的团体帮派吗？"刘真反问："我们公司有帮派？应该没有吧！"

闺蜜又换了一下自己的坐姿继续问道："你们同事会故意躲着你，或者欺侮你吗？"

刘真想了想说："不知道哎。"

对方又问："难道你不想深入了解一下你的工作环境吗？"

刘真认真地回答："我没时间。"

闺蜜最终感叹道："难道你只关心你自己手头的工作吗？"

刘真放下筷子认真地回答："我每天要高效率地完成我的工作，尽量按时下班。回家后我要学习，要读大学没学透的古文，要更新博客，要写专栏，要为那本被出版社编辑追着的书准备大纲，还要随时和公益组织联系做项目，你觉得我有时间和精力去了解别的事儿吗？"

有见识者无论何时，总能将精力用于正事。为此，他们心思单纯，专注于自己的工作，所以很容易成为某个领域中的佼佼者。而还有一种人会将太多的个人精力分散于四处打听八卦消息，热衷于毫无意义的小道消息。每天都的朋友圈里，很多人都像怨妇一般地在他人细数自己的工作怨气，比如谁谁谁给他脸色看了，谁谁谁给自己穿小鞋了，谁压着自己不让自己升职了，然后向大家请教如何与同事或上司斗智斗勇。这些人在学校的时候可能是学习尖子，也是不甘人后的，但在工作中被总被这些鸡毛蒜皮的小事而耗尽自己的激情与梦想，忘掉了自己在大学里精心策划的人生目标，错过了很多本该属于自己的机会，眼睁睁地看着那些昔日不如自己的同学功成名就。

圣人曾说："识不足见多虑。"意思是说，如果你的见识不足，就会难以决断，接着就会思虑过度，接着便会疑神疑鬼，就很容易在小事上斤斤计较、耗费精力。见识越广，计较越少，抱怨则越少。反之，你越清闲，精力就越容易涣散。当你的见识多了，自然视野就会越宽广，心胸便会越豁达，你特有的一些弱点便会被淡化，而优点便会慢慢地突出。

见识多了，你才不会随意去评判一个人，不会敏感于外界一顶点细微的变化。你就会明白，在工作中你就会主动去团结伙伴，而不是去"制造敌人"，就会明白只要努力就能获得公平的环境，就会明白努力的意义，并且不断地去努力塑造更好的自己。

没有规划的人一定会被规划掉

日子过得枯燥无聊，很多时候是因为你的人生少了规划。因为没有规划，所以才缺乏向前的行动力，所以才会得过且地混日子。没有规划的人，认知会相对地封闭，总是拒绝新鲜的事物，所以和他们聊天会非常吃力，因为他们对外界发生的一切动态事物毫不关心。在单位中，他们都是用"没有功劳也有苦劳"作为挡箭牌，拒绝自身认知系统的升级和能力的提升。他们停留在自己的舒适区里，保持着固定的思维模式，使用着一成不变的工具，慢慢地坐等被社会所淘汰。

同时，因为缺乏规划，所以他们过着朝三暮四的生活，沉溺于短期的快感中。在日本有这样一群年轻人，他们不是在网吧内瞌睡，或露宿街头，他们被称为"三和大神"，只打日结的零工，过着工作一天玩三天的生活。他们吃 4 元的面，喝 2 元 2 升的大水，上 1 元一小时的网吧，住 15 元一晚的床位，用最低的生活成本过着今朝有酒今朝醉的生活。这种日子看似舒坦，实则陷阱重重。当快乐变得容易，人就会停止向前的脚步，进而导致灵魂的贫瘠。

没有规划的人，一定会被现实规划掉。实际上在现实中，很多年轻人因为在某个单位待一段时间，便觉得当下的工作太过枯燥、无聊、毫无意义，于是便想到辞职、换工作，想到别一行业去掘金，寻求新鲜感、快乐感，觉得这样就可以将所有的烦恼都抛开，说不定还能实现自己的梦想。殊不知，你抛开的只是暂时的烦恼。当到了一个新的单位，在新的岗位上，一切都要从头开始，不久，你就会遇到同样或者类似的困境，烦恼便又会如期而止。其实，获得财富除了踏实努力，没有什么捷径可言，任何人的成功都是不可完全复制的。很多时候，你所追求的"捷径"，恰恰是距成功最遥远的距离。

刘路是一家出版社资深编辑，有着极好的职业素养。一次，她告诉朋友说，纸媒时代将要被淘汰，我要转行去做电子媒体。

朋友问：你准备去做什么？

她说，我打算要去做微商，觉得能赚钱，或者去做媒体广告。总之，互联网时代，不能再做这一行了。

朋友开导她说，你专业素养那么好，当初是拼了命地考进了这家有实力的出版社，好不容易凭着能力熬到了主任的位置，更何况，现在的待遇也不错，怎么突然觉得这行不行了呢？你做微商，觉得自己有什么优势吗？你连做什么产品都没想好，就贸然辞职不好吧！

她着急地说：那你说我该怎么办？我天天都在焦虑，看到朋友圈里很多朋友都靠做微商赚了大钱，觉得自己真的要被这个时代抛弃了。

最终，刘路还是辞了职，做微商卖茶叶。经营半年后，由于缺乏客源，以惨淡收场。在无奈之余，又回到老本行，到一家小型出版公司做编辑。

生活中，像刘路一样个性急躁的人有很多。他们总不时被周围人的创富神话所吓倒，总为"要被这个时代所抛弃"而惶惶不安。而当其真正随波涌入"创富"大军中时，才真正感受到要做一只"飞起来的胖子"又是另一种煎熬人生的开始。所以，对于急性子的人来说，守好自己的主业，坚持自己的信仰，在一个岗位上不断让自己增值，才是实现自我价值的最好捷径。也正如李安导演所说的那样，当你的才华撑不起你的梦想时，你应该沉下心来学习。当你的能还驾驭不了你的目标时，你应该沉下心来历练。梦想，不是浮躁，而是沉淀和积累。

林涵，大学念的是经济学，因为从小对数字不敏感，她对这一学科毫无兴趣，也不知道毕业后能做什么。

当表哥找她一起到校区卖凉皮、凉面，她为了能尽快赚到钱，便一口答应，梦想有一天能把自己研制的调凉皮秘方卖遍全世界。这个工作并不像她想象的那么浪漫，天气炎热，在凉皮下锅时，经常会被蒸汽烫到手，贴满了创可贴，天气渐渐转凉，生意差了……耗了大半年，表哥收摊了，她也跟着失业，生活顿时也陷入了窘境。

性子较急的林涵为了尽快使自己摆脱生活上的困境、赚到大钱，她决定凭借自己小时候的绘画功底，进军包装设计行业，因为她从一位同学那里得知在包装业，一个好的创意可以得到很多的佣金提成。幸运的是，她被一家小型的包装广告类的公司录用，可在那里不到半年的时候，林涵觉得工作压力太大，自己的创意总不断地被否定。最为关键的是，她觉得赚得太少，于是决定辞职。

对此，周围的朋友曾劝她，尝试不同的工作是对的，可你总不能总因为工资低、待遇不好而辞职。每个公司都不会给新员工开高薪的，你总得埋下头来好好练就一种技能，让自己不断增值，才有可能拿到高薪！可她并没有把这样的劝告听进去。

几个月后，迫于生活压力，她在一位同学的推荐下，又进了一家小公司，做文职工作：接待柜台外加收发文书。不甘不愿去上班，她感到窝囊透了，好歹自己是经济学本科毕业，这样琐碎的工作本应该是初中毕业的小妹妹做的。这样一次刻骨铭心的经历，又让她得出这样的结论：之所以无法找到好工作，待遇不高，是因为自己缺少一张硕士文凭，于是她一边工作便一边准备考研究生。

因为发奋努力，她还是考上了，现在是经济学研三，几个月后即将毕业，她再度回到几年前刚毕业时的原点，并不知道自己毕业后要去干什么，而只想着去赚大钱。这时的她已经 28 岁了……如果她再找与经济相关的工作，她过去的工作经历并不会为她加分，甚至还会为之减分，如果她不想做与经济相关的工作，那她为何要念研究生？

林涵就这样随意晃掉了人生 5 年的黄金时间！

其实，人生真正绝望的不是未知的险境、艰辛，也不是世人的褊狭和一事无成的狼狈，而是终其一生都不知道自己究竟想要什么、想干什么。这样的人，迟早要面临激情的枯竭和灵魂的贫乏。

对人生没有规划、得过且过的人，未来一定会被规划掉。当然了，要合理地规划自己，一定要详细地了解自己，清晰地知道自己究竟需要什么，追求什么；我们目前做的事情是否与自己的规划一致，这样才不会致使自己在半途中突然停滞下来，感到迷惘。

我们自从来到这个世界上，一生都是在赶路的，而路时刻在自己的脚下不断向前延伸。只有知道方向的人，才能在人生空间的坐标中找准自己的位置，才知道自己为何要向那个方向前进。而不清晰方向的人，则永远不知晓自己的具体位置，不知道未来要去向何方，更不知道自己存在的意义。所以，从现在开始，请为我们的人生做出一个合理的规划，为生命的每一天都列出一个清单，并努力踏着你的规划向前，相信这样，你永远不会感到迷惘，最终也能收获到梦想的果实，获得有意义、快乐的人生！

你的所有付出，时光终不会辜负

很多人之所以丧失上进心，不愿付出努力，是因为他们觉得付出得不到相应的回报。所以便不愿主动去学习，不愿去付去，每天只是浑浑噩噩地耗日子，使自己的生活变得毫无兴趣。实际上，世界上所有的付出，都是有回报的，只不过你所要的回报，只是暂且被隐藏起来了，时间终究不会辜负你！

刘菲，在一家外企做文案策划，收入不菲。但她很是喜欢写作，并希望有机会成为专职作家。于是，她在工作之余，每天都坚持看书阅读、写随笔，她花费了常人无法想象的时间和努力，她的一篇短篇小说终于在一家杂志上发表了。

柯凡，6年时间只对一个姑娘情有独钟，可姑娘始终拒绝他。为了感动姑娘，他每天给姑娘写一封邮件，表达自己的关怀和爱意，一坚持就是一年。

张梅，自小体弱多病，动不动就生病。因为体弱经常请假去看病，她被一家单位辞退了。自此之后，她发誓要养生、健身。于是，她开始自学中医。

他们付出了常人无法想象的努力，依照因果定理，他们该能顺利达到自己既定的目标了吧：刘菲该继续再接再厉，几年坚持下来，终于成为小有名气的作家了吧？柯凡的举动该感动那位姑娘了吧？张梅的身体也该好起来了吧？可是，现实却残酷，生活也总会给你制造各种各样的阻力，对你的努力视而不见。

刘菲因为坚持阅读、写作而影响了工作，做出的文案被领导批评毫无创意，因此上司建议她：要么专心工作，要么辞职走人。一边是能保证她生计的工作，一边是已经小有成就的梦想，她陷入了两难选择，内心挣扎，寝食难安。

柯凡对那位姑娘痴心难改，不停地写邮件，最终招致姑娘更大的反感，并决绝地向他晒出了自己新交往的男朋友。柯凡深受打击，一蹶不振，迟迟难以走出这个阴影。

张梅吃饭开始注重营养搭配，并每天坚持运动，并且自学中医，做艾灸、推拿。可为此没去工作而使自己的经济陷入了窘境。

他们虽然付出了努力，却未达到目标，现实让人沮丧万分。现实残酷到，当你为梦想而付出了大把的时间和精力，并且有小收获时，将你的"付出"踩在脚下，不留余地。现实甚至残忍到，在你付出后，连强健壮体这样的小事都不让你如愿。更别提什么远大理想，雄心壮志。

你曾经无数次地想站起来，跌倒了几百次又爬起来，可是当你信心百倍地站在起跑线上试走的时候，依然重重地跌倒下去。现实还会狠狠地对你发出警告："你以为你是天才呀！"

虽然梦想辜负了你，时光却未曾让这一切努力付之东流。

如今的刘菲因为发表的一篇小说，被那家杂志社看中。在她陷入两难、还未做出选择的时候，一家出版公司也向她抛出了橄榄枝，邀请她加入，并且鼓励她能否将她的那篇短篇小说扩写成长篇故事，然后出版上市。

柯凡被那位姑娘拒绝后，发现自己习惯了每天写一篇小文。自此，他的文笔得到了很好的锻炼，他开始做公众号，如今已经有几万名粉丝了，每个月多了一笔可观的收入。

张梅因为痴迷于中医，她根据自己身上的毛病坚持做艾灸，并在微博上写养生心得，被一家艾灸馆看中，邀请她加入。如今的她，已经开了一家属于自己的养生馆，结合中医常识，专门帮人调理身体，整个人每天看起来朝气蓬勃的。

所以，世上没有白流的汗水，从来没有一无所获的付出。梦想也许会遗弃你曾经的付出，但时光终不会辜负你的每一分付出。被梦想遗弃是因为你的付出与梦想还不匹配。别因为你有限的付出未曾撬动你的梦想。要知道，决定你的梦想能否实现的因素有太多，除了努力，还有机遇。但是，时光是付出最忠诚的见证者，你每一分的付出，它都不会亏欠你。

在现实生活中，有太多人总会感叹付出不一定有回报，那是因为，你将实现梦想或者目标当成了唯一的"回报"。

然而，现实中，制约"个人目标"的实现有太多的因素和条件。即便是你做好做足了自己能把控的那份努力，却把握不了机会、观念等外因。你付出再多，但是现实从未给过你任何的承诺。怀揣远大梦想，又付出了努力，可天平的另一端却没有呈现你最想实现的目标或梦想时，付出者便会心理失衡，只是沮丧地认为"付出不一定有回报"。

无论是"目标达成""梦想成真"的欢喜，还是所谓努力后还是无所收获的沮丧，都是因为你内心的评判标准太过单一化，过于"功利"和呆板了。再回头看一下刘菲、柯凡，如果他们最初的目标不是"成为作家""追到心爱的姑娘"，你还会认为现实真的辜负了他们。很多时候，我们觉得"努力白费""付出与所得不成正比"，是因为我们在付出时，过早地将自己的行为定了性质，设了"目标"，而将那些额外所得给忽略掉了。这样的经历一多，悲观者便会认为：为什么付出总是没回报，自己想要的从未得到。

但是，你的付出，梦想或目标会辜负，却被时光刻在了记忆里。也许它无法帮你达成目标或实现梦想，但会为你呈现一份"无心插柳柳成荫"的惊喜。只不过这份回报来得或早或晚，或显性或隐性，或物质或精神而已。"梦想"也许会像个沉稳的中年人，它不喜形于色、高深莫测，但时光一定会像个孩子，单纯得像一面镜子，映照出你的所有努力，并给予你同等价值的回馈。

如果事与愿违，请相信一定另有安排

泰戈尔曾说过：你今天受的苦、吃的亏、担的责、扛的罪、忍的痛，到最后都会变成光，照亮你未来的路。在人的一生中所遭遇到的困境、沮丧、迷茫和不解，在当下或许是你难以承受的，觉得世事总是不尽自己的意愿，但是在过后的某一个时刻，你会突然觉得，原来这一切都另有安排。

在纺织厂工作了近20年的李珍突然下岗了，这种突如其来的打击，让她彻夜难眠，半个月时间，头上添了不少的白发。更雪上加霜的是，同年其爱人刘军也从钢铁公司下岗了。这一年，他们40岁。孩子正在上学，父母年事已高，家庭生活的正常开支都失去了来源，他们的心就像被掏空了一样。

为了生存，夫妻两人打算自谋生路。他们收过废品，干过熟食店，但效益都不是很好。最脏最累的活儿是收头发。把从理发店中收的头发一点一点清理干净，他们累得连饭都吃不下去。但为了生活，两个人互相鼓励着、坚持着。

一年后，他们组建了以下岗职工为主的水电安装服务队。遗憾的是，服务队仅仅运营了7个月，就被两家企业拖欠垮了。一年后，他们已欠外债8万多元，生活彻底陷入了窘境。

一次，孩子在饭桌上天真地问李珍："妈妈，为什么咱家的菜里没有肉呢？"两口子互相对望着，一句话也说不出来，泪水夺眶而出。孩子不知道，别说是肉，就是买菜，爸爸妈妈每天都是从市场这头走到那头，挑最便宜的买。

亲属了解到他们的情况后，主动借给他们一套38平方米的车库做生意，并提供了启动资金。夫妻两人觉得生活又见了光亮。他们起早贪黑地干。刘军每天凌晨2点起床去进货，两口子一忙就是一整天。然而，买卖做得还是不尽如人意。由于经验不足，他们又一次亏损了。干了三四个月，也不见有转机。两人的心里彻底没了底儿：怎么办？无奈之下，他们关掉了门面，到厨师培训学校去学厨艺，以希望将来能开一家饭店，不然，一家老小接下来的生活该怎么办？

半年后，夫妻俩学成归来，开起了饭馆和夜市摊。由于厨艺不错，生意意外地出现了火爆的场面，"回头客"也越来越多。夫妻俩前堂后灶忙个不停。如今的他们，在他们当地已经开了几家连锁店，日子红火了起来。

夫妻俩在创业路上吃尽了苦头，付出了努力，可迟迟得不到回报。当时的他们也一定怀疑过，感叹命运的不公，最终却成就了他们。上天曾给过他们几次事与愿违，甚至是"绝望"的时刻，终将他们"逼"到了开餐饮这条路上，成就了他们。

当人生的困难甚至是"绝境"来临，不要懊恼，不要沮丧，更不要只看一时。要将眼光放远，将人生的视野加大，不要自怨自艾，更不要怨天尤人，永远乐观、向前，如果事与愿违，请相信：天无绝人之路，它一定会有另外的安排。

在13岁时，乔利·贝朗因为家庭贫困，在一个贵族家庭里面打杂工，他包揽了所有的脏活和累活。当时的乔利最大的人生目标是：挣足够的钱，开一家由自己说了算的杂货店。为了达成这个愿望，乔治努力地表现，拼命地干活，生怕被女主人克扣工资。可是，他的这个小的梦想却被他的一次疏忽给打碎了。

那一天，家里的贵妇要乔利将一件自己心爱的晚礼服熨一下，他一不小心，碰翻了桌子上面的煤油灯，那件昂贵的礼服上滴上了几大滴煤油。贵妇人听到了这个消息，气急败坏地跑过来吼道："这件衣服归你了，我要从你的工钱里把衣服钱扣出来，从今天起，你就准备白给我干一年活吧。"

乔利难过极了，沮丧的他那件让自己倒大霉的衣服挂在床前，时时提醒自己干活儿要谨慎。过了一些日子，他突然发现，那被煤油浸过的地方不但没脏，反而把原来的污渍除去了。"你现在可以把这件衣服给夫人送回去，没准儿她能少扣你些工钱。"与他同屋的一个男孩提醒他。乔利摇摇头说："不必了，我还要拿它做实验呢。"就这样，经过反复的实验，他又在煤油里加入一些化学原料，终于研制出了干洗剂。

一年之后，乔利开了世界上第一家干洗店。生意一发而不可收，几年的时间，他就成了闻名全球的干洗店大王。

所以，不必抱怨工作中的失误，没准它就是成功的契机。

很多时候，人在绝望的那一刻，往往意味着新的希望和开始。一切危机的尽头，往往都是转机，山穷水尽的地方，往往会柳暗花明。也就是说，这个世界上从来没有真正的绝境，有的只是绝望的思维，只要你的心灵不干涸，就能摆脱迷惘，看到光明的希望。所以，当我们的梦想、目标或人生信念遭受"重创"时，千万别轻易放弃，绝望的极点一定会有新的希望或者转机在等着你。

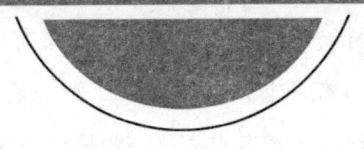

第五章

常觉生活乏味，
是因丧失了对生活的热爱

　　有人说，这世界上有趣味的天敌就是习惯。当你习惯于某种生活、某个行为，你的灵魂就会变得干瘪、枯燥、毫无生气，那么，你就很难做一个有趣者。比如，一首再好听的歌听上一百遍就腻味了；一条再诗情画意的路，每天如期走一趟就和任何世间平凡的路就毫无区别了；你喜欢的人偶尔对你示好，你会欣喜若狂，如若天天示好，你也就厌倦了。所以说，要使自己变得有趣，就要有一颗热爱生活的心，这样才能用变化的力量抵抗你的习惯。这样，你才能被波澜不惊、一成不变的生活所拘囿，才能对生活保持热切的好奇。在好奇中，你的灵魂便会变得丰盈，你的生活也会处处开出多彩的花来！

自己过得一塌糊涂，别人怎么会爱你

每到过节回家，刘姑娘都会因为家里的催婚而大为苦恼。她向我抱怨道："真是搞不懂我们的父辈，在学校的时候怕我早恋，于是处处监督，生怕我跟其他男生多说半句话，就连邻居的小哥哥向我问候，他们都要盘问半天；现在又怕我嫁不出去，恨不得到大街上绑个男人回家跟我结婚。更让人烦的还是邻居大妈，每次出门都会话里话外地提醒我，年纪不小了，该抓紧结婚了，再加上七大姑八大姨的'狂轰滥炸'式的说教，让人直接崩溃！他们每见到一个单身男的，便开始忙前忙后地张罗我去见面。我不去，他们就危言耸听地说不结婚的下场有多悲惨、多可怜。我如果去了，他们便会让我眼光放低点儿，好像我嫁不出去就会扫他们兴似的！"

当然了，刘姑娘自己也很着急，但总是遇不到合适的，她自己也表示很无奈。她去相亲网站填了资料，可一直没回音。

当然了，刘姑娘所说的合适，是指"物质上要达标，精神上要丰裕"的男生。可是，当满足这一条件的男生本身就不太多，再加上那些与她年龄相仿的男生多半都将眼光放在了年轻较小的貌美的女生身上，所以刘姑娘也就这样被剩下了。

其实刘姑娘也约过几个男生，但都是无疾而终。她不是嫌对方"没情趣"，就是嫌对方赚得太少，要不就是嫌对方个子太矮、长相太矸磕碜。简而言之，就是她觉得"我足够好，而别人不够格"。

现在的她似乎变成了日本漫中的典型的"干物女"，每天两点一线，单位到家，家到单位。回到家，她便窝在沙发里看韩剧。韩剧中的那些灰姑娘，总好像有一个白马王子深情款款，可是刘姑娘回头看一眼自己租住的贴满小广告的群租房，现实的冰冷常常让她感到很失望。

实际上，对于刘姑娘而言，她从未想过，她那种无聊的生活方式、无趣的个性，不解风情的呆板灵魂，过于世俗的婚恋观，过分强势的姿态，没有精心打理的肌肤，够土的着装风格、看上去有些邋遢的外表，才是她被剩下的根源！

每天的房间都是乱糟糟，起床后，胡乱洗一把脸便着急慌忙地去追公交地铁。平日里懒得要命，卧室如果能下得去脚，决不收拾。更重要的是，每日三餐你能用外卖对付，决不下厨，致使健康经常亮红灯。实际上，你的父母催婚没有问题，你的七大姑八大姨给你介绍对象也没问题，真正的问题是，你已经是大人了，却还异常地邋遢、懒惰，还不切实际，个性强势十足，脾气比什么都大，却总是渴望有人来爱你。

张枚长得一副惹人羡慕的漂亮脸蛋，大学时期曾被人追求，却都被她拒绝。工作之后，却迟迟没找到对象，如今的她已经 32 岁，却还未经历一场恋爱。则阻止她受男人青睐的主要原因就在于她难以瘦下去的臃肿的身形。

因为身边没有青睐的对象，张枚更是不顾自身的形象，每天都是胡吃海喝，日子过得乏善可陈，任由身体发胖，甚至病态。因为日子过得太过乏味，她在工作上也是懒懒散散，几年过去了，还是拿着微薄的收入，刚刚能够解决自己的个人生存问题。

为此，公司的一些男同事都调侃她说："真真儿地浪费了一副好皮囊呀！看看你那肥壮的身形，哪个男人能掌控得了你呢？"为此，张枚自己也很烦恼，没想到一向高傲的自己，其对幸福的全部渴望却被毫无节制的生活给断送了！

其实，对很多人来说，单身其实不是问题，最主要的问题是，将单身的日子过得一团糟，或者说，根本没有将一个人的生活过好的本事或能力。如果你将日子过得乏善可陈，当身体陷入肥胖甚至病态，再任由青春碌碌无为地虚度，你身边纵然有许多浪漫、温和、富有的男士，也提升不了你人生的幸福指数。

正如一位作家说的那样，回应催婚最好的办法是：挣更多的钱，养更美的颜，活出更精彩的每一天。你想想，当你有着二十几岁的脸、二十几岁的身材、二十几岁的心态、二十几岁的肌肤，却有着二十几岁姑娘想都不敢想的事业和财富，这样的你，谁还好意思催你结婚？这样的你，又怎会在意谁来催婚？这样的你，浑身上下都有金光闪闪的三个大字：爱谁谁。

爱是成全，不是相互间的消耗

生活中，一些人之所以对生活和爱情丧失热情，是因为深陷于一段互相消耗性的感情中苦苦挣扎，得不到解脱。因为深受折磨，所以其灵魂变得枯燥、阴暗而无趣。对此，一位作家说过，在一段恋爱关系中，爱得深的那个人特别容易在爱情里，一边念念不忘，一边又无能为力。在这个僵持的过程中，占有欲会使你变得狭隘，控制欲会使你变得自私，"疑神疑鬼病"会唤醒你敏感的神经……让你在这份爱里变得越来越不爱自己，越来越像个神经病。在一段彼此消耗的关系中，你不仅丧失了爱一个人、信任一个人的能力，同时还因为太过用力地爱而失去了你自己。

比起受困于一个漏洞百出的誓言而隐忍地一个人苦苦坚守，洒脱松手才是渡过这场劫难的唯一方式；比起为了遮掩千疮百孔的爱情而自我牺牲式地维持一个幸福的假象，豁达放手才是真正地放彼此一条生路。也就是说，真正的爱是成全，而不是相互间的消耗。当你深陷一段不快乐的、互相消耗甚至互相折磨的感情中时，要懂得及时放手。

面对老公一而再，再而三的感情背叛，张欣很是痛苦，她跑进路边的墙角，蹲在地上，开始失声痛哭起来。她默默地抬起头，看着橱窗里倒映的那个女人：肤色黯黄，一束凌乱的头发潦草地扎在后脑后面，臃肿的身体"盛"在暗黄色的水桶裙里，脚上穿了一双很随意的白色旧的凉鞋，这些颜色混搭起来，很不美观。

这些年来，她为他操持家务，做饭、洗衣，什么都做得好，唯独忽略了自己。年轻时的她，本是一个眉清目秀、毫无烟火味、瘦弱腼腆、不染尘埃的淡雅的女子，与当下的她完全是两个不同的模样。她呜咽着，心头像堵了块大石头，觉得自己就是个失败者。此时的她很清楚，她与丈夫的缘分真的走到了尽头，她唯一的出路就是必须要让自己强大起来。

回到家，她打一盆温热的清水，洗净泪痕，化了妆，换了时髦的时装，完全还是个美人。随后，她又翻开本子，用漂亮的字列出一张新的生活计划表。她从此不再为他朝九晚五煲汤、做饭、洗衣。早上吃包子、喝豆浆，晚上和同事一起做美容、练瑜伽、学化妆，然后在西餐厅吃个饭。周末，她请小时工做家务。报了一个平面设计班，又学习素描画。她的生活焕然一新，每天都兴高采烈。他也发现了她的变化，很是鼓励，同时也让自己有了更多的自由和空间。她对他隐忍不发。失败的感情，可以让一个女人变得丑陋，却可以让另一种女人激发出美来。半年过去了，她的气色好多了，已经能独立设计让自己满意的作品来，素描画也画得让众人称赞，她有点底气了。

在 27 岁生日那天，她到商场给自己挑了一件薄薄的灰色羊绒衫，一件白色的呢子外套大衣，烫了漂亮的波浪卷发型，化了淡妆，优雅地坐在沙发上。他下班回来，她把离婚协议书签好递给他，提着箱子潇洒地扬长而去。

他措手不及，目瞪口呆。她什么也没带走，除了几件衣服、日用品和一张10多万元的存折。价值几百万的房子、车子，包括那个刚刚升任部门经理的男人，她都放弃。她容忍不了，如此不信守承诺的男人。随后，她到了一家大型的广告策划公司，从普通员工做起。尽管收入不高，但这是她人生的一个新起点，她有足够的时间和动力去挑战新的工作。熟练的设计、优雅的衣着、卓越的能力，都让她成为一个魅力四射的女人。28岁，她开始慢慢地升职加薪，一直到设计部总监。四年后，32岁的她拥了自己的一家广告公司。她开始与一位位追求自己的优秀的男士约会，独享爱情带给自己的美好。其中，一个有留美背景、家道殷实的男士，欣赏自信独立的女人，对她展开了猛烈的追求。他听说了她的前一段婚姻，非常认真地说：如果不爱你了，会直接说明，决不会隐瞒。当然，只要你永远可爱，我对你绝对忠诚。她微笑着点了点头。

她之前是被庇护的，但现在才是被尊重的，这可能才是真正成熟的爱情吧。因为她懂得及时放手，才有了如今幸福而快乐的生活。

不可否认，失恋或婚姻破裂，对于任何人来说都是一杯难咽的苦酒，尤其对于情感细腻的女性来说，那种烙在灵魂深处的伤痛有可能一直伴随自己整个生命的旅程。但是，你要知道，在爱情的世界里，不是每一朵花都能如期地开放，也并非每一朵花都能结出果实来，对于感情来说，当你爱一个人而得不到回报的时候，在你付出千般努力也无法得到一个许诺的时候，在你因爱而受到伤害的时候，与其苦苦地挣扎其中与自己较劲，不如坦然面对，优雅地转身，重新找到属于自己的幸福和快乐。

失去的已经失去，人生的道路还很长。失去一段不属于你的恋情，并非真的要那么遗憾，因为，在你的生命里必定还有一段更完美的、属于你的爱情在等着你去投入。所以当爱情走远时，你一定要学会优雅地转身！

提升你的接纳力：生活中处处藏着小趣味

有时候，生活中的趣味是需要我们去努力创造的，而有时候，生活本身就存在有无限的趣味在里，我们只要以一种接纳的心态去泰然享受、细细品味即可。如果我们拥有这种接纳生活趣味的度量，那么就会发现，生活中的种种趣味原来分布于各个地方，而且我们也可以从更为广泛的宽度去体会种种小情趣与大情怀。

大哲学家苏格拉底就是一位非常有幽默感的人，他对别人的错误从不采取指责的态度，而是采取一种迂回的方式，即幽默感。

据记载，苏格拉底的妻子是一个性情十分暴躁的人，经常会当众给这位著名的哲学家以难堪。有一次，苏格拉底在同几个学生讨论某个学术问题，他的妻子不知何故，忽然叫骂起来，震撼了整个课堂。继而，他的妻子又提起一桶凉水冲着苏格拉底泼了过去，苏格拉底全身湿透。当学生们感到十分尴尬而又不知所措的时候，只见苏格拉底诙谐地笑了起来，并且笑着说："我就知道打雷之后跟着要下雨的。"这一让人幽默的话语虽然不多，却使妻子的怒气出现了"阴转多云"到"多云转晴"的良性变化。大家听到后，都欣然大笑起来，但更令人敬佩的是这位智者明哲的高超文化素质、艺术修养以及坦荡的胸怀。

无趣者，就是能将本来充满趣味的生活过得无趣，因为他们有一颗处处挑剔的心。他们总觉得这不够好，那不行，处处挑剔刻薄。听怕是得了个大奖，意外地得一大笔奖金，无趣者照样会说：那又怎样，中了奖不照样还是过那样的生活呗。而有趣者，则恰好相反，即便是生活中的平淡，他们也能"制造"出许多笑料来，让日子开出花来。

董旭是一所大学里的副教授，属于那种文化程度比较高的知识分子，当他们夫妻之间出现意见分歧难以争辩出高下时，他不会采取不符合自己身份的方式与妻子开战，而是选择不理不睬来表达自己的不满，以沉默表示自己的不屑一顾，以致家里常常成了冷战的"重灾区"。

他的妻子木槿是个节目主持人，为了打破冷战僵局，木槿总是随机应变地运用不同的"幽默"战术，巧妙搭建沟通和解之桥，缓和紧张的气氛，避免了夫妻矛盾的激化和升级。

一个周末，午饭后，木槿和老公一致商议要把家里那台图像不清的25寸的彩电淘汰掉，于是两人动身前往商场挑选电视机。经过一番对比和斟酌后，木槿决定买日本"索尼"的34寸超薄彩电，但是老公抱着节省的观念，看中了一个国产的牌子，而且丝毫没有动摇的意思，最后他还愤愤地讽刺妻子是俗气的"崇洋"派。木槿一急，跟着回了一句"老学究，土气包"的气话。很快，两个人就争辩了起来。结果电视机没买成，老公恼怒地瞪了木槿一眼，拂袖而去。

晚上，老公坐在书桌旁看报，消磨沉闷的时光。木槿躺在床上无事可做，因为受不了这种寂静的折磨，便从床上爬起来，假装要找东西的样子，在3个房间里来回地转来转去，想以此引起老公的注意。约一分钟后，她开始胡乱地翻箱倒柜，而且假扮出越来越着急的模样。一直响个不停的刺耳声，渐渐地刺激了原本无动于衷的老公，看着井井有条的家像遭遇窃贼一样，书柜里的书都被乱七八糟地摊到了地上，他再也耐不住性子了，气愤地问："你在找什么？"这时木槿猛然回头答道："我在找你的声音啊。"董旭听到后"扑哧"一笑，同时也明白了妻子的良苦用心，怒气在一瞬间消失得无影无踪。

同样的事情，挑剔和拒绝的态度会产生"对抗性"，从而使生活变得生硬、冷峻，而以宽容、接纳的方式去处理，就会生出趣味来。所以，对生活趣味接纳程度越高，在生活中所能享受到的趣味就越为丰富。对生活趣味接纳程度越低，在生活中能够享受到的趣味自然就越有限。

抵抗无聊：从单调中找寻生活的活力

一天，一群朋友在一起聊天，有个人随口问大家："如果你每天在同一个地方，每天过得都是同一天，你会怎么办呢？"

其他几位老兄竟然纷纷惊诧地说道："哇，你不就是在说我吗？""这就是我当下的生活状态呀！""这分明是在说我嘛！"

我们身边很多人都在过着无聊、单调、枯燥无比的生活：又忙又穷又丧，日复一日。

清晨，如往常一般走进熙熙攘攘的人群，地铁刷卡，走向工作单位，然后晚上在华灯初上的时候往家走，每天两点一线如此循环。

就连所谓的娱乐节目都在重复：逛街、吃饭、看电影……

让我们再快进一些：辛苦赚钱—痛快花完—再辛苦工作赚钱—再痛快花完……

在这样的生活中，每个人的心底其实都有一种挥之不去的无聊感。生活本身的这种无聊感本不可怕，真正可怕的是我们内心的麻木，那种对生活、工作以及周遭一切事物丧失热情和热度的冰冷的心，这也是我们变得无聊、无趣的主要原因。

从社会学的角度分析，这种"重复性"其实来自集体文化的无意识重复。

欧文·亚隆在《当尼采哭泣》这本书中描述了很多人的生命动力，就是一种由集体文化赋予的"典型生活模式样本"：我们生活的目标就在文化里，在空气里，你呼吸到它们。和我一起长大的每个孩子，呼吸到一样的目标，全都想爬出贫民区，在世界上成功。也就是说，集体大众的生存模式，形成了一种文化，这种文化又促使着我们每个人都按照固定的模式去生存。所以有人说，看起来你活了 365 天，可也许你是把 1 天活了 365 遍。

当然，要突破这种生活魔咒，关键就是要唤醒你内心的热爱，即从眼下的一切无聊事物中，挖掘出美好来，使自己喜悦和快乐起来。

希腊神话中，西叙福斯因狡猾被罚去遭受永无止境的苦役：将一块块巨大的石头从奥林匹斯山下徒步推到山顶，但当巨石被推到山顶的时候，它又会自动地滚落到山下，如此，周而复始，这就意味着西叙福斯永远也不能完成这份任务，永远都要单调地重复令他十分苦恼的苦役。

突然有一天，当西叙福斯正全力以赴做这项工作，并全身关注地观察自己的每一个动作时，他忽然间发现自己搬动巨石的每一个动作是那么优美、那么和谐。于是，他满意地欣赏并专注地观察着自己全力以赴的每个动作，忽然间他的内心产生了一种尊贵、满足与快乐感，于是，他内心所有的苦恼、疲惫、绝望统统消失得无影无踪……西叙福斯全身心地欣赏且享受着这份苦役，于是，他又不再抱怨和焦虑了。正在他欣赏自己每一个动作的美感时，奇迹便在他身上发生了，诅咒在一刹那间解除，巨石也不再滚回山下，西叙福斯也从永无止境的苦役中获得了自由。

很多人的生活其实就如西叙福斯所付的劳役一般，充满了无聊、枯燥和无味，解除这种生活魔咒的唯一方法，在于改变心态，充满喜悦心般地去热爱它，从中发现乐趣，寻求到生活中充满的各种乐趣和活力。比如，在单位中，你觉得自己的工作无聊透了的时候，可以试着去以充满探索的心，去感受它的趣味、价值和意义，这样即便是坐冷板凳，也能将工作做得极为出色。

在电影《朱莉和茱莉亚》中，一个平凡失败的女白领，如何打破自己重复无聊又穷又毫无希望的生活呢？

有一天，她发现自己在30岁了还一事无成的时候，便立即做出了一个决定。她打算做一件她从来不允许自己做的事情：美食家。

她想，反正我的生活都已经这么失败了，我为何不做点让自己高兴的事情来呢？所以她开始在下班之后做饭，她照着自己偶像厨师的菜谱，每天做一道菜，发表在自己的博客上，她也不知道会发生什么，但她打算坚持一年。

一年过后，她的生活却发生了翻天覆地的变化，她的美食博客获得了诸多的粉丝，她也有了自己的美食书籍，更为重要的是，她从有一段跟自己握手言和、不再抱怨生活的时光里，她重建了自己和生活的关系。

她变得相信自己可以更快乐了，因为她真的体验到了这一点。

所以，当你被固定的生活模式、单调的工作、无聊麻木的感情生活"绑架"时，觉得自己无趣透顶，毫无生活感时，那就试着去重拾自己的爱好，以一颗热爱的心去焕发对平淡生活的激情吧，哪怕是泡一杯咖啡，也要用心去嗅出它的醇香来！

拥怨生活：从懂得传播爱和善意开始

科幻电影《土拨鼠之日》带领我们做了这样一次狂野的生活实验：

男主人公菲尔是一名气象预报员，他对自己日复一日重复的枯燥而单调的工作充满了敌意。由于一个名为"土拨鼠之日"的当地传统节日来临，他被派送到小镇进行现场报道。

在"土拨鼠之日"这一天，人们会用土拨鼠的影子来预测春天还有多久会到来。菲尔觉得这是一个愚蠢至极而又无聊的传统，只是渴望早点完事回家。然而，老天似乎要特意惩罚他，第二天醒来时，菲尔竟又回到"土拨鼠之日"！

被困在了这样一天的他，每天早晨醒来都要穿一模一样的街道，经过同一个流浪汉，偶遇很久不见的老同学，然后不小心一脚踩进水坑里面，再走向广场上的人群开始报道……永远没有明天，每天都一模一样。

在这样的设定下，一个人的内心会经历怎样的心路历程呢？

第一阶段，便是狂喜。当菲尔发现自己总是被困在同一天后，他首先陷入了无限的兴奋的狂欢中。因为他已经对自己这一天所发生的事情了如指掌，那么自然便可以为所欲为，于是做出了许多"出格"的行为：比如，准确地计算出银行运钞车的空当，借机自由地取走大笔钞票不被发现；镇上所有姑娘的喜好，他一概知晓，因此可以手到擒来；他大吃特吃，再也不用担心健康和身材；即使是犯罪袭警，捅了再大的娄子，明天醒来后便可以一切全免……他着实地爽了一阵子。然而，他对这种感觉慢慢地麻木了起来。他找不到真正想做的事，一切都太轻易可以获得，将该享受享受完之后，不一样的明天迟迟不来，他的生活开始变得空虚无比。

于是，他进入了第二个阶段：自暴自弃，寻求方法结束生命。但他运用了多种方法，比如电击、跳楼、卧轨、焚烧，等等，结果每天还是一样，当第二天醒来，都会完好无损地在自己温暖的床上醒来，走过广场去参加土拨鼠之日的报道。这个时候的他，是超级郁闷的，其苦恼到了登峰造极的地步。

接下来，菲尔又进入了第三个阶段：觉醒。他的觉醒，源于他开始追求他的同事、制片人丽塔。然而他发现，自己即使了解了丽塔所有的爱好，用尽各种技巧，变得像她肚子里的蛔虫一般，还是无法获得她的爱。因为塔丽不喜欢他那自大、自我的为人。

这种挫败感反而给了菲尔改变的契机。他开始反思自己，开始认真地对待身边的人和事，学习自己感兴趣的东西，比如冰雕、弹钢琴、写诗、医学，等等，真诚地与小镇居民交往，利用预知的本领行善助人。

在不知不觉中，改变悄然地发生了，菲尔慢慢地意识到，原来拆房子的乐趣比不过造房子。虽然过的是同一天，但是菲尔每天都做着自己喜欢的事情，到处行善帮助人们，此刻的他感到愉悦而满足。

这样的菲尔，并没有用任何花哨的技巧，便获得了丽塔的芳心。

最后，当他没有逃避和挥霍生活后，魔咒也不解自破，时间终于迎来了第二天。

在电影的结尾，菲尔深情地对丽塔说："当你站在雪中，你真的像一个天使。"

对这一幕，影评人做了精彩的评论："重点并不是他爱上了丽塔，而是他终于看见了天使。"

这个电影告诉我们：一个人开始变得更好的时候，他的世界也就改变了。

在电影开始的时候，菲尔在外人看来是个"讨厌"的人：他说话自高自大，目中无人，对谁都缺乏耐心；虽然不喜欢作为天气预报员的工作，但他自认为自己是名人，一切都要让自己上道；他巴不得草草地报道完毕愚蠢的土拨鼠节日，便离开这个工作单位，马上跳槽到另一家公司，因为他觉得自己不该过如此无聊的生活。

那时的他，对生活和周围的一切都充满敌意，并且将这种敌意、不满和空虚延伸到生活的各个层面。

可当他在"重复无聊、枯燥无味"的生活中感到郁闷难当，想要寻求自杀时，他找到了爱，爱上了同事丽塔。于是，他开始尝试过"另一种生活"：探索自己的爱好、扩展生命的体验、让自己对于他人变得有价值，最终才解除了魔咒，走入了新的一天当中。

这时候的他，亦发生了完全的改变：他肯定了自己的价值，喜欢自己，也开始喜欢世界，因为他用自己的热爱激发了对生命的无尽热情。

这个电影告诉我们：关键不在时间的重复，不在生活模式的重复，而是在重复中做不同的自己。很多时候，正是对世界、对生活爱的缺失，才使你的生活陷入了死循环。要做一个有趣者，就要打破这种死循环，让生活焕发出万种风情来，最为重要的就是唤醒自己麻木的心，激发对生活和周遭世界的热爱。

一位哲学家说，要"活出活力"来，对人来说，它是比"更好地活着"更为重要的事。更好地活着，是一种求生的状态，比如你要靠自己的努力去争取更好的生存条件。而"活出活力"代表着一个人精神上的活力和创造能力，是一种将万事万物纳入自身的一种能力，而不再是将自己的价值维系在外物的价值上。就像电影中的男主人公菲尔的"转变"可以看作一种自我活力的呈现，他更加热爱生活，他学习新知，传达善意，这种生命本质上的活力，是打破生活悲剧性循环的最大的动力。

人都有渴望永恒的本能。但假如你死气沉沉、失去生命的活力，即便拥有永恒的时间，拥有富可敌国的财富，最终也会陷入一片虚无当中。所以从现在开始，去敞开心扉去拥抱生活吧，去挥洒你的善意，学习新知吧，它将能让你的每一天都将呈现不一样的光彩来。

与其被错的折磨，不如放手去迎接对的那一个

很多时候，我们的灵魂变得枯燥，人生变得缺乏趣味，是因为陷于一种负能量满满的生活围城中。比如，失恋过一次，我们便不会再爱；沉溺于一段受折磨的感情中，无法自拔。为此，我们要学会及时抽身。

在"婚纱女王"之称的 Vera Wang 在 63 岁时与她的丈夫离婚了，这个让无数怀揣着美好婚姻梦想的少女披上嫁纱的女人，曾经被人誉为"白头偕老、幸福生活"的代名词，如今她却选择了离婚，这无疑让很多女人有些失落。但是，这个 63 岁女人的举动，让人更加相信爱情了，因为她曾说："没有爱意维持的婚姻，才是对婚姻最大的亵渎。一段错误的婚姻，永远不会结束得太晚。"

Vera Wang 的话颇有韵味，表现了一个内心强大的女人对生命的最大敬意。的确，结束一段没有爱意的婚姻，是对爱情乃至漫长人生最大的尊重。我们每个人都无法对每个人负责，但是忠于自己，才是对自我最大的负责。离婚后，Vera Wang 依然是"婚纱女王"，因为一个真正懂爱的人才能设计出更好的婚纱。

的确，当两人的缘分走到了尽头，与其死撑着苦苦折磨，不如及早放手。与其与错的人在一起彼此消耗，不如放手去迎接对的那一个。

年少时，她就喜欢他。他们住在同一所小区的同一栋楼，他在18楼，她在17楼。她总是傻傻地站在阳台上，昂着头，希望他能出现在自己的视线里。偶尔看到，哪怕是他的影子，她都会兴奋得手舞足蹈。

有时，看到他在院落里玩耍，她便会借故下楼，黏着他、追着他。那时，他是个毛头小子，她是个人人都讨厌的丑小鸭：皮肤黝黑，稀疏、发黄的头发总是毛毛糙糙。对于她的主动示好，他总是很不屑。院里的樱花开了又落，可她的心始终如竹子一般，一直青着。她把家里的玩具全部拿出来给他玩，他会把它们都狠狠地摔在地上，还与其他的孩子一起欺侮她。但她毫不放在心上，仍然跟屁虫似的缠着他，冲他笑。

他考上了市里最好的高中，篮球打得也好，是众人眼中的骄傲。她长得不漂亮，学习也不好，在一所普通中学就读。她把心思都用来讨好他。她在学校省吃俭用，赞下一笔零用钱给他买各种学习用品和参考书。他的父亲生病，她就跑到楼上去照顾，端茶倒水，聊天说笑。那时，她就期望有一天可以成为他的妻子。

他对她做的所有的一切都不放在眼里，因为骨子里，他就看不起她的不起眼和灰暗。他的志向在远方，他愤怒地赶她出家门，大声地向她叫喊：我永远都不会喜欢你。

那金子般的热泪，顺着脸颊落下，狠狠地砸在地上。从此，她再也没有找过他。

后来，他考上了大学，顺利地毕业，留在了京城，娶了漂亮的女人，生了可爱的儿子，他觉得这才是他要的人生。几年后，因为工作调动，妻子忍受不了两地分居的寂寞，终于离开了他。恍惚间，二十年岁月就那样过去了。或许，谁都会以为，当年的那个丑小鸭，和他再也没有任何瓜葛了。一个是一家知名外企的高层管理，一个是嫁给他人的丑陋的妇人。一个人寂寞时，他便会想起年少时的荒唐，那些粗暴的行为，一定把她伤得很透。

偶然的机会，极其偶然，他在一家大型商场买东西时，远远地看到一个漂亮的女人冲他笑，走上来和他打招呼。他莫名的惊诧，原来是她。她亦不是当年的丑小鸭，温婉、知性，浑身散发着都市自信女人的气质。是的，她并没有成为别人的丑陋的妇人。当年的羞耻，让她发愤图强，使她发誓总有一天要以一个高傲的姿态出现在他的面前。

他激发了她身上最大的能量。他在京城工作的时候，她也考上了这里的一所著名大学；他在外企工作的时候，她在一所中学做老师；他被调往另一座城市的时候，她又通过进修，考上了研究生；他重回京城时，她已经在一家研究所工作。如今，她已经和他在同一条起跑线上了，如今她亦嫁了一个华裔商人，过得幸福而快乐。她的眼光扫落但他沧桑、疲惫的脸上，那一瞬间，她徒然明白，他已经不是自己曾经深爱的他了。现在，她的心中，装满了许多幸福而美好的东西。

看着他远去且有些佝偻的身影，她在心里对他说：冷漠的爱人，谢谢你曾经看轻我，让我如此奋发，成为今日最好的自己！

有位哲人说，藤蔓可以选择一棵大树共同生存，但不是每棵树都是适合自己的，有的树已经蛀虫累累，有的树已不再生长，有的人树费劲地想把你甩掉，你又何必那么"不离不弃"呢？在爱情的道路上，别去将就，亦别太慌张，时光让你等，是为了让你遇到更好的。

要知道，生活不是舞台剧，不是足够苦情，没有底线，一度隐忍，最终可以柳暗花明，比翼双飞。不是每个浪子都会回头，不是每个爱你的人都适合你。你曾经一个人窝在角落流泪，你内心如刀割面上装作云淡风轻，你觉得自己好伟大，自己为爱情付出了那么多，为何还是挽留不住他？别傻了，你的钥匙打不开门，也许不是钥匙的问题，而是你开错锁了。你的不幸其实不是别人的错，是你自己给自己的，自我欺骗，自我蒙蔽，懦弱胆怯。

你觉得自己不幸福、不快乐，只不过是不忍心舍弃一个错误的人，其实，与其让一个错误的人来折磨自己，不如勇敢地舍弃，让自己去迎接和自己真正能配得上对的那一个。

单身是个人最好的"增值期"

"剩女""剩男"是让很多人曾经一提起便会心惊胆战的词语，一大把年龄还是单身，父母催促，亲戚着急，自己也是心急火燎：我的那一位究竟藏在哪儿？有些人因为经受不住家庭、社会以及心理上的压力，便会心力交瘁，接着可能随便找个人结婚。因为婚前没有磨合，两人会不断地产生摩擦，感情极容易出现裂缝，极容易上演悲剧。

其实，对于很多人来说，被剩下，并不代表你不够好。岁月让你等待，就是为了让你在单身的时候，不断地修炼和提升自己，要保持对工作和生活的无限热情，将生活过得活色生香，成为一个"有趣"的人，从而遇见更好的。而不是让你在焦虑和不安中，消耗对生活和爱情的热情。所以，从这个意义上讲，单身是个人最好的"增值期"。

今年 34 岁的肖梅是一家外企的高管，长相不错，收入颇丰，各方面条件优越的她，至今还是形单影只。因为是从农村走出来的，为了获得认可，她拼命地工作，以渴望能在工作单位中获得他人的认可。这些年，她在工作上终于取得了可人的成绩，从一个底层的普通员工升迁为高层管理人员，可感情和婚姻一直是一片空白。

很多时候，她也会美慕别人的爱情。可时间久了，她亦会慢慢地告诉自己，其实也不必美慕别人，自己单身一人亦可以轰轰烈烈地活，可能是岁月让自己多多等待，磨炼自己的心情，先成为更好的自己，最终让自己遇到更好的人。

于是，与一些大龄剩女不同的是，她对自己的终身大事丝毫未曾表现出焦虑，而只是平静地等待着。她清楚地明白，越是迟来的幸福，越是能让她知道等待与珍惜的来之不易。

很多时候，等待是为了更好的遇见，为了有更多的机会选择一个正确的人。等待不是挑剔，亦不是眼高手低，等待只是让自己学会淡然地生活、正确地选择。但是，在孤独等待的这一段时间里，又恰恰是技能提升、修炼更好自我的最好时机。很多时候，岁月让你等待，是为了把最好的给你。

她和他认识的时候，都不是那么年轻了，已经进入了大龄青年的行列。

两人是别人介绍的。约在一家海鲜餐馆门前见面，她简单收拾了一下，提早去了几分钟。他却迟到了，直到过了约定时间几分钟，他才匆忙赶到。

竟然是个好看的男子，褪去了小男生的青涩和单薄，神情略显沉稳，衣服穿得也很有品位。一见面，就急急道歉，说路口塞车，足足塞了 45 分钟，请她一定原谅。

她笑，没关系的。暗自算了算，如果不塞车，他会比她到得早。

那么，他不是故意的。她相信他的话，再说，即使迟到几分钟又怎样，他已经道歉了。

两个人就进了餐馆，找了靠窗的位置坐下，他把菜单递给她，想吃什么就点什么。

她还是笑，小声说一句，我减肥呢。

他也笑，不用啊，胖点儿怎么了？只要健康就好，再说，你不胖啊。

她其实真的有一点点胖，只是那么一点点，自己会介意，他却真的不介意。索性拿过菜单，也不看价格，招牌菜，一连点了好几个。

感觉得出来，他对她的印象不错。而她也是，觉得从外表，自己甚至有点配不上他。但她并不表现出来这一点点自卑，从容地和他说话。他更是处处照顾她的感受，体贴她，如体贴一个小女生，让她感觉到被宠爱的温暖。

就这样两人个交往了半年的样子，他提出了结婚，她同意了。觉得自己终究还是个有福气的女子，在这样的年纪，还能遇到如此温和又体贴而又英俊的他。

结婚前几天，他们的好朋友都过来帮他们收拾新家，有他和她单身时候买的一些物品，其中，也包括各自的旧相册。大家翻出来看，看到了最年轻时候的他们。

那时候的他，那样英俊挺拔，穿白衬衣和牛仔裤，戴很酷的腕表，眼神里，带着不羁的味道。而那时候的她，也有那么一点点的胖，但非常漂亮，眉目中，满是清高满是骄傲。

有朋友"呀"了一声，对他俩说，可惜你们没有早几年碰上，那才真的叫金童玉女。

他笑了，她也笑，却都没有说话。那一刻，他们心里都很明白，幸好，他们没有早几年遇到，不然一定不会走到一起。那个时候的他，叛逆不羁，喜欢那种个性清冷的消瘦女孩，并不是她那种。而那时候的她，对男孩子也是万分地挑剔，要求对方品貌俱佳，更要守时、讲信用，最是容不得别人迟到，从不给他们任何一点辩解的机会……他们，就是这样，因为挑剔，因为不够宽容，在最年轻的光阴里一再错过爱情。

而现在，他们都在情感的磨砺中成熟起来，内心不再浮躁不安，渐渐宽厚而平和，都懂得了为对方着想。现在碰上，对他们来说，才是最好的。

所以，真的不用遗憾，没有在最青春貌美的时候遇见你，因为我们要的，终究不是那一场足以天崩地裂的爱恋，而是天长地久的温暖的相伴。

岁月即是如此，总会将最好的留在后面。最好的安排，是时间给予的，也是自己把握的。

时间是最锋利的"雕刻师"，它会替你摆平生活中一切的负能量，也会带走一些你放不下的一切，它会打磨光你的棱角，消磨掉你的傲慢和不羁，让你成为更成熟、稳重，更有韵味的自己。为此，在任何时候都不要怕，而是要耐心地等。你要去相信，我们每个人都会遇见陪自己走过一生的人，不必因寂寞而凑合着恋爱，不因完成父母的心愿而委曲求全，更不要为了迎合众人异样的目光而与人将就。你要去相信：在你还未老到无能为力之前，你永远等得起一份对的感情。

你要去相信，有一天当你活得足够从容，那个时候，再聊起那年那些焦虑而急不可耐的岁月，你会冲人一笑，向对的那个人说：谢谢你来得这么晚，才让我的美好年华不在风花雪月中迷失，不被鸡毛蒜皮的凡俗琐事所消磨，才让我有足够的时间不停地努力成长，渐渐地完成自我蜕变。

你还可以云淡风轻地对他讲：这些年来，我没在等任何人，我只不过是在等自己。等那个可以放下不安和怯懦，等那个可以完全甩掉自卑，敢于大胆地承认"我真的很优秀"，等那个不再因一点挫败而轻易放弃，等那个内心丰盈、强大而圆润的自己。

所以，在任何时候，你都不必不安，不必着急，时光能够赋予你的绝对超乎你的想象。

懂得宽恕，才能依然保持对生活的热爱

有趣者，不会深陷于一段受折磨的情感不能自拔，他们内心是豁达的，懂得以宽恕之心让自己抽身。因为他们知道，懂得宽恕，是为了让你无论受到怎样的伤害，都不要自暴自弃，而是依然保持对生活的热爱和对爱情的向往，从而让自己的生命焕发光彩。

他第一次去巴厘岛出差回家，买了一条珍贵的翠红色宝石项链送给她。那一粒粒晶莹剔透的珠子，散发出一缕缕的淡雅的清香，沁人心脾。这串珠子代表爱情和久远和坚贞，看他认真和她求爱的模样，她心动了，答应了他的求婚。

然而，就在婚后的几年，他竟然爱上了一位漂亮的酒吧驻唱女。他儒雅、幽默、睿智、有责任感，有事业心，没有女人喜欢是不可能的。在那位女人的强劲攻势下，他最终向她摊牌，并递给她一张离婚协议书。她默默地在上面签了字，心中满是伤痛。离婚后的她，在经历了伤痛后，毅然拿起久违的画笔重新开起了自己的工作室。几年后，她已经远近有名的画家了。

而那位酒吧驻唱女自和他结婚后，总是彻夜不归，让他心烦意

乱。他突然觉得这样的婚姻并不是自己想要的，他后悔自己为了追求片刻的欢娱选择了一个根本不适合自己的人。没多久，他毅然填好了离婚协议书。这场始乱终弃的婚姻让那位酒吧驻唱女的心中埋下了深深的仇恨。从此之后，这位酒吧驻唱女开始消沉，每日不是在酒吧酗酒，就是在麻将桌上消耗自己的时间。

这两位女人固然都经过了同一个男人的生命洗礼，都曾经被同一个男人喜爱过也厌弃过，却有着不同的结局。先宽恕的人，必先得到解脱，那位画家女的坚强与酒吧驻唱女的消沉，无不让人感受到，与其说现实束缚住了她们的发展，倒不如说她们心中的恐惧裹住了自己的脚。同样是女性，一位被丈夫抛弃之后并没有否决自己的潜能，反而专注于自我发展，丰盈自我的生命，让人生重新散发光芒；而另一位却在酒吧和麻将桌上消耗了大半生的创造力。

在感情受到伤害后，每个人心中都会或多或少埋下隐痛或恨意，这种不快感就是一种精神束缚，让人郁郁寡欢，对生活处于消极状态。其实，与其让伤痛来折磨自己，不如学着去释怀，懂得宽恕，这样做是让自己的精神得以解脱，以更好地面对未来。要知道，不放过别人，就是和自己过不去。

很多时候，怨恨是一个人对受到深深的、无辜伤害的自然反应，这种情绪来得快，去得也快。我们在受伤后都希望他的爱人会倒霉，甚至会罪恶地希望背叛了自己的人不幸福。无论是被动的还是主动的，怨恨都是一种郁积着的邪恶，它窒息着快乐，危害着健康，它对怨恨者的伤害比被怨恨者更大。而清除怨恨最直接有效的方法便是宽恕，宽恕必须承受被伤害的事实，要经过从"怨恨对方"到"我认了"的情绪转折，最后认识到不宽恕的坏处，从而积极地去思考如何原谅对方。

宽恕是一种能力，一种停止伤害继续扩大的能力。宽恕不只是慈悲，也是修养。

当耶稣说"爱你的仇人"的时候，他也是在告诉你：如何改进你的外表。你一定见过这样的女人，她们的脸因为怨恨而有皱纹，因为悔恨而变了形，表情僵硬，从她们身上看不到丝毫的美感。无论如何去做美容，她们的容貌无论进行怎样的修饰，也及不上让她心中充满宽容、温柔和爱所带给他们的美丽让人动容。

即便你无法爱曾经伤害你的人，至少也得爱自己。要知道，伤害你的人已经伤过你一次了，何必让他来主宰你的快乐、健康和外表呢？就如莎士比亚说的："不要因为你的敌人而燃起一把怒火，热得烧伤你自己。"你也许不像圣人般去爱你的仇人，可是为了你自己的健康和快乐，你至少应该要忘记他们，这样做实在是聪明的事。艾森豪威尔将军的儿子约翰说："我父亲不会一直怀恨别人。"他说："我爸爸从来不浪费一分钟，去想那些不喜欢的人。"

为此，我们在面对伤害，在痛苦之余，一定要懂得宽恕，这并非要做没有原则的人，也不是给予对方的福利。而是宽恕是强者的行为，当你愿意看开别人给予的伤害，在这一刻，你已经超越了他的境界，成为比他还要强大的那种人。逃脱因为她先学会了宽恕，所以她也最先能得到解脱。

给平淡如水的婚姻生活加点"色彩"

"嗨，朋友开心点儿，为何总是愁眉不展的，你看外面的阳光多好啊！"一个朋友在聚会时，看到谁紧绷着脸，便这样说道。

"哪能开心得起来呢！每天回到家里都要对着一张冰冷的脸，婚姻生活的平淡已经令自己窒息了！"另一位朋友歌子说道。

歌子原本是一个开朗幽默风趣的女人，可最近总是爱抱怨，原来是她的婚姻进入了平淡期。

实际上，我们身边有许多因为婚姻太过平淡而对生活丧失热情、活力不再的人，尤其是女性。当婚姻过了七年之痒、十年之痛甚至更长的时间之后，爱情淡了，激情没了。留下的更多是亲情，是责任。夫妻感情开始褪色了，家里开始出奇地平静。在重大的节日，或对方的生日等特殊的日子里，也不会再互送礼物和庆祝。男人和女人再看对方不再是出色和出众了。于是很多人便开始发出："外面的世界越来越精彩，家里的生活却越来越无奈"的感叹。这个时候，要重燃的热爱和激情，就要懂得在平淡的日子中加点"色彩"。

有这样一个故事：

一位男子患了中风，整个左边的身子都不能动弹了，心里十分痛苦。周围的朋友都去安慰他，可他却说，我不为自己的病治不好而难受，而是担心我的妻子会离我而去。

没多久，他的妻子果真离开了他。亲友们都骂那位女人薄情。男人却说：不要责备她，是我不好。

接着，他便忏悔道：她做饭忙不过来的时候，我坐在电视前无动于衷；她生病需要去医院的时候，我以工作忙让她一个人前往；她买了件衣服，满心欢喜地问我怎么样时，我的眼睛里甚至根本不瞟上一瞟；她需要我陪伴的时候，我为了赢得上司的青睐，在办公室陪他们打扑克甚至到深夜；她想和我聊天的时候，我不是在电脑前忙碌就是困得想睡觉了，给她的时间少之又少。我们的婚姻早就因为我的这些行为而处于中风状态了，只是我原本没有觉察到。现在我左边的身子不能动了，我一下子便感觉到了。

后来，有人把这些话说给了男人的妻子，男人的妻子非常感动：既然他这么说，我也就回去吧。在女人的精心照料下，男人渐渐康复。

有一次，他们一起在黄昏中散步，女人问：怎么会想起婚姻也会中风这样的事来？男人说：当我的右手因蚊子叮咬而奇痒的时候，我的左手一点反应都没有，假若我没中风，会出现这样的情况吗？过去，你那么辛苦，而我却一点都不去分担，我想，这就是婚姻中风了。

现在，他们已成为一对恩爱夫妻，因为通过那场病，男人发现了一套新的婚姻理论：夫妻应该像左右手一样。左手提东西累了，不用开口，右手就会接过来；右手受了伤，也不用着呼喊和请求，左手就会伸过去。如果一个人的左手很痒或者很疼，右手却伸不过来，这个人的身体一定是中风了，或者是瘫痪了。

其实，常促使婚姻生活处于"中风"状态的是平淡流年的冲刷。两个人真正地步入婚姻殿堂，当爱情的激情逐渐地褪去，生活变得平淡如水的时候，当浪漫的心情冷却，当柴米油盐酱醋茶的生活琐事将岁月无情地夺去之时，我们时常会感受到婚姻的乏味和枯燥，不会再去主动去关怀对方，久而久之，随着不良情况的加剧，两人之间的感情便很容易会处于中风或者瘫痪的状态。所以，对于女人来说，幸福的婚姻是需要经营的，而要经营好婚姻，除了相互间的体谅、沟通，还要在适当的时候给平淡的婚姻加点激情。

他和她属于青梅竹马，相互熟悉得连呼吸的频率相似。时间久了，婚姻便有了一种沉闷与压抑。她知道他体贴，知道他心好，可还是感到不满，她问他，你怎么一点情趣都没有，他尴尬地笑笑，怎么才算有情调？

后来，她想离开他。他问，为什么？她说，我讨厌这种死水样的生活。他说，那就让老天来决定吧，如果今晚下雨，就是天意让我们在一起。她看了看阳光灿烂的天空说，如果没下雨呢？他无奈地说，那我就只好听天由命了。

到了晚上，她刚睡下，就听见雨滴打窗的声音，她一惊，真的下雨了？她起身走到窗前，玻璃上正淌着水，望望夜空，却是繁星满天！她爬上楼顶，天啊！他正在楼上一勺一勺地往下浇水。她心里一动，从后面轻轻地把他抱住。

不可否认，婚姻是需要一点情趣的，它就犹如沙漠中的一片绿洲，让我们疲劳的眼睛感到希望和美，适当地给"左手"和"右手"一种新鲜的感觉吧！这是预防婚姻中风的一个极好的方法。

永远望向生活中新鲜的那一面

在很多人的思维里，好好学习、找个好工作、勤奋努力，让自己过上更好的生活才能使自己真正地幸福起来。还有人说，余生太长，要找个有趣的人才不致使自己的人生太过索然无味，不致变成一潭死水。

这样的认知其实并没有错，但难免让人生出一些莞尔之感。难道，我们的余生竟然要依靠另一个人去主导生活的基调和色彩。诚然，我们要跟有趣者做朋友，要跟有趣的人交流来往，但那绝不仅仅是为了让他们来改变我们的生活，最终的目的还是让自己成为一个有趣的人。但遗憾的是，我们过分追求有用的东西，却忽略掉了自身的内在。

鲁宾斯坦，是英国著名的钢琴演奏家，风靡全球钢琴界长达六十余年，被尊为全世界最伟大的钢琴家。鲁宾斯坦生性喜爱冒险，是一个极度向往新鲜事物的人，在他的生活里，从来不乏各种各样的新鲜事儿。他不愿意总是弹奏已经熟练的曲子，喜欢不断增加新的曲子。鲁宾斯坦说："我喜欢日新月异，我希望，新的演奏给我的快乐比给我的听众的还要多。"

最近，老肖总开心不起来，觉得自己的婚姻太过无味，每晚回到家都觉得自己快要窒息了。

朋友给他建议道："别那么悲观，多给彼此的生活来一点'仪式感'！"

"没有啊，每年的周年纪念、情人节、生日我们彼此都记得，会给彼此挑选一些礼物，吃一顿正式的晚餐。"老肖一本正经地说道。

"那只是节日的仪式感。一年 365 天，平淡的生活也该有些仪式感，比如每周给自己选一束花，下厨为对方做一顿丰盛的晚餐，多和朋友一起聚聚、户外烧烤，每年计划却不同的地方旅游，等等。多一些变化，这样的生活便会多一份精彩，多一份期待。"朋友对他讲道。

有趣者无论如何都会在生活中制造出各种"新鲜感"来，他们知道如何用生活的激情去延续爱的激情，让生命过得不是大富大贵，却一定是另有一番滋味。

有人说，人生就应该不断地享受美好的事物，财富与健康虽然都是好东西，但并不象征幸福。幸福的真谛就是，顺其自然地生活，发掘那些生活中应有的可能。在当今这个节奏，而又极富固定规律的社会中生活，我们总是把自己当作机械或上发条的表，每个人的生活轨迹都一目了然，生命了无生趣。

何不冒一下险，这样的生活才会有十分奇妙而又新鲜的感觉，生命也只有在这个时候才会爆出火花。比如，本来搭车，偶尔走走路；本来不敢做或者不敢说，偶尔试一试，本来十点钟睡，偶尔八点钟睡；本来被视为禁忌的，偶尔做做……如此诸多不经意的偶尔经历多了，就会变成一种习惯，我们就会发现，生活原本就是新鲜多彩的。

很多时候，我们之所以会对生活充满兴趣，与时刻保持一颗好奇心，追求新鲜事物都有着密切的关系。首先，好奇心有助于我们与更多的人交流，了解到更多的东西。其次，新鲜事物会刺激我们的思维，让思维更为活跃。最后，了解新鲜事物，将有助于我们更好地应对焦虑情绪。当下，保持良好的心情，学会缓解焦虑的情绪是极为重要的。

研究好奇心的美国心理学家托德·卡什丹曾说："体验好奇时，我们愿意离开熟悉的事物和常规的惯例，敢于冒险。作为一个好奇的探险家，将生活看作一个愉快的探索、学习和成长的旅程，而不去拼命解释和控制世界。"

此外，有研究表明，保持对新鲜事物的好奇，还会让我们有效地抵抗时间的侵蚀，让我们拥有 60 岁的身体、30 岁的心灵。事实表明，令人加速衰老的不只是年龄，起决定因素的还是我们如何面对衰老的心。生活中有许许多多拥有乐观心态的长寿老人，他们的存在便证明了：衰老本身是自然规律，但心态才是生命质量的决定因素。

保持纯真之心：保持成熟，但不要太世故

我们知道，孩子都是富有趣味的，因为他们对周围的一切都充满了好奇，当然周围的一切，对他们来说都是新鲜的。所以，他们是有趣的，一个普通平常的事物都能盯着琢磨半天，偶尔说出的"童语"更是让人忍俊不禁。所以，若要成为一个"有趣者"，就要保持一颗孩童般的纯真之心。

为何有纯真之心的人会让人觉得他是一个有趣者呢？

在《幽默密码》一书中，美国科罗拉多大学心理学教授皮特提出了一个极为简单良性冲突理论，即他认为，有趣存在于"良性冲突"之中，也就是说对方的表现给人一种心理上的冲突，与预期不一样，甚至是"错误、令人不安或者充满威胁的"，但又似乎是"合宜、可接受或安全的"，比如搔痒、调笑、无大碍的小差错，等等。

而在《内部笑话》一书中，印第安纳大学的一位教授指出，人们会因为和现实冲突的事而发笑，尤其是其中涉及某种看法、幸灾乐祸的情绪、优趣感、性挑逗等让人愉悦的成分时，最简单的是双关语和恶作剧。

一个人若能保持儿童般的纯洁之心，身上若有一种"童真"，则他就会给人心理上以"良性冲突"的表现，比如偶尔做出小孩子一般的举动，说出孩子一样可爱的话语，搞一些小的恶作剧，随性地跳舞等，对生活中的事情保持足够的好奇心等。

"良性"与"冲突"缺一不可，比如自己给自己搔痒不会有趣，因为没有冲突；比如你要自己一直带孩子，你不会再觉得童真是有趣的，因为孩子的一切童真都在你的预期内，其实也就丧失了"冲突"，这个时候，假如孩子忽然变得很安分、乖巧，你反而会觉得他很有趣。

当然了，如果这种"冲突"越过了"良性"的边界，便不再变得有趣了，比如一个私下里很纯真的同事，如果在严肃的工作场合表现得很纯真，你便会觉得他"幼稚"了，也就是说，他的纯真的表现对他的工作结果产生了不好的影响，越过了"良性"的边界。而如果他是一个对工作一向严肃认真的同事，而在私下里偶尔耍一下孩子气，或者恶作剧地搞笑一下，那就会让人觉得他是有趣的。

所以，无论周遭的环境如何，始终保持一颗纯真之心，就像孩童一般对这个世界充满好奇、友善、同情与感动，以及对美好事物的向往，同时让你的行为"冲突"保持在"良性"的边界上，那么你就会让人觉得你是有趣的。

钱钟书的夫人杨绛先生在她的《痴气人生》中写过：我们在牛津时，他午睡，我临帖，可是一个人写字困上来，便睡着了。他醒来见我睡了，就饱蘸浓墨给我画个花脸，可是他刚落笔我就醒了。他没想到我的脸皮比宣纸还吃墨，洗净墨痕，脸皮像纸一样被洗破了。以后他不再恶作剧，只给我画了一幅肖像，上面再添上眼镜和胡子，聊以过瘾。回国后暑假回上海，大热天女儿熟睡（女儿还是娃娃呢），他在她肚子上画一个大花脸，挨他母亲一顿训斥，他不敢再画了。

关于钱钟书先生的有趣之事，还有一件流传甚广：

钱钟书养了一只猫，从小养到大，特别宝贝。这猫长大后，半夜和别的猫打架。钱钟书特地在门口准备了一支长竹竿，不管多冷的天，只要听见猫儿叫闹，便会急忙从热被窝里出来，拿了竹竿，赶出去帮自己的猫儿打架。

对于钱钟书先生来说，生活之中处处充满乐趣，妻子和女儿午餐时在她们脸上、肚子上面画一幅图画，是乐趣；半夜拿站竹竿帮自家的猫儿打架，也是乐趣。对于我们来说，如果也能保持这样的童心，何愁找不到生活的乐趣呢？

现实生活中，很多人之所以让人觉得乏味、沉闷，就在于其太过成熟世故，其谈话与寒暄的形式慢慢地全成了"预期内的套路"，尤其是在注重礼仪与形式的工作场合、应酬场合长期地"耳濡目染"形成习惯后，成熟的礼节一套套的，自我保持"童真"的意识慢慢地褪去。一个人若失去了"童真"，那么他对这个世界也会失去很多的好奇心，人自然而然地会显得无趣了。

　　所以，身为成年人，你可以保持成熟，但不要太过世故，这样才能让你的生活处处充满乐趣，让你成为处处受人欢迎的有趣的人。

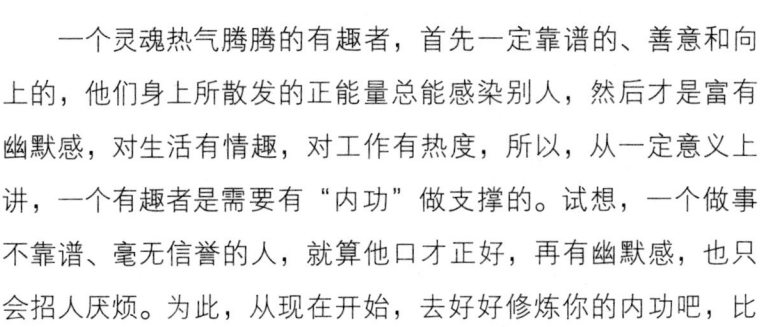

第六章

修好你的"内功":"变有趣"是一项技术活儿

一个灵魂热气腾腾的有趣者,首先一定靠谱的、善意和向上的,他们身上所散发的正能量总能感染别人,然后才是富有幽默感,对生活有情趣,对工作有热度,所以,从一定意义上讲,一个有趣者是需要有"内功"做支撑的。试想,一个做事不靠谱、毫无信誉的人,就算他口才正好,再有幽默感,也只会招人厌烦。为此,从现在开始,去好好修炼你的内功吧,比如学着去靠谱、去讲信誉、去懂得撒播善良,等等。

你的无趣，在于太容易妥协

我们绝大多数的成长，其最终的趋势只是变得和大众相同。换句话说，我们成长的终点就是向现实妥协。比如，为了与多数人的人生步调保持一致，还未做好准备的你，草率地找个人嫁了，然后稀里糊涂地生孩子，使生活陷入无序混乱之中，最终只是说一句：这可能就是我的命，我认命！为了与多数人的价值观保持一致，你辞掉了自己钟爱的工作，去考了个公务员，过着乏味且单调的生活，一望能望到人生的尽头，在无奈时，只是安慰自己说：这就是现实！……我们每个人都是独特的，都有自身的独特价值，但最终的趋势只是变得与大众相同。换句话说，我们成长的终点就是向现实妥协，向大众的生活模式臣服！

日本有一位老人——笹本恒子，在 71 岁之前，是个极为普通的人。她的容貌在 71 岁定格，但在 102 岁时，她继续保持着这样的精神面貌：容光焕发、完全不像百岁老人。她是日本第一位女记者，102 岁高龄仍旧活跃在摄影界。她化精致的妆容、穿最美的衣服，宛若少女的笑颜，冲破了年龄的界限。

记忆中，许多年过六旬的老人，早早地退了休，每天含饴弄孙、种花养鱼、尽享晚年，甚至有些年轻人，经不住生活的打击，整天愁苦难耐。可谁能想到，这位 102 岁的老人，却在 2016 年拿下了露西奖"终身成就奖"，那是被誉为摄影界的奥斯卡奖。

少女时期的恒子，从不向现实妥协、低头，于是在常人眼中她过得不太"规矩"。她有诸多的想法，不拘泥于世俗的眼光，同龄人还在课堂学习时，她就已经跳出校园，扬言追寻自由，学画去了。

在她 27 岁的时候,因为朋友的一句话:"日本仅有很少能进行新闻报道的摄影师,女性新闻摄影家更是一个都没有,你要不要成为第一个女性摄影家?"恒子当时还年轻,信心不足,举步踌躇,当美国女摄影师玛格丽特的照片偶然映入眼帘时,她觉得自己没有理由再犹豫了。她会画画,会构图,摄影又能难到哪儿去呢,于是恒子便带着探索世界的好奇心,到摄影界报到。

那个时候,笨重的器材、家庭的压力、官僚的抵制,外界对女性的歧视,像尖锥一般地直面而来,但这些都没能让恒子放弃。她微笑着面对质疑,凭借着坚毅的信念和努力,在摄影界谋得了一席之地,并且赢得了同行的尊重。同时,她还结识了自己的先生。

在 28 岁那年,她带着对婚姻的憧憬结婚,终究没能够抵过事业的磋磨。各自奔波于不同的新闻专场,无暇顾及爱情,最后劳燕分飞。

在现实中,很多女人都将婚姻放在首位,一旦失去另一半,就像失去了生活的重心,连脚都无处安放。但是恢复单身的恒子,以最快的速度重拾明朗,将精力投入摄影中,甚至被邀请到皇室拍摄,成绩斐然,做了自己的女王。就这样,她一路笑着,张扬着,青春着,好奇着,拍到了 49 岁,要不是杂志社相继倒闭,她还会继续拍下去。

生活从来不是平顺到底的,如果真有那种人生,大概也没什么趣味。恒子失业了,49 岁单身女人失去生活保障,对大多数人来说,这无异于晴天霹雳,而对她来说,却"没什么大不了的"!于是她开了家服装设计店,拿起画笔,给人设计衣裳。

因为小时候学过缝纫,也对审美和时尚有着独到的见解,她的服装风格被人喜爱追捧,生意越来越红火。对此,她说:"时尚不是靠钱堆,而是用头脑来创造。不用花很多的钱,就能享受到快乐,这才是真正的奢侈！"

时尚就像一盏指路的明灯，点亮了恒子的新的人生。花艺、珠宝设计等等，一切美的事物都能激起她的好奇心。为此，她也孜孜不倦地学习，以求满足自己的求知欲。

在52岁那年，恒子付出比别人多3倍的努力，学习了"鲜花造型设计"的课程，一年后她便撰写出《鲜花造型设计教室》一书出版发行。其后，恒子从事该领域的授课工作，以及珠宝设计等行业达十年之久。

她积极面对生活的同时，爱情再次悄然而至。随后，她与自己的第二任先生结婚，并与其甜蜜相伴20年，直到1985年，对方因病而去世。

丈夫走后，恒子快速地收拾好心情，穿着自己设计的服装，带着优雅的笑容，重新拿起相机，又回到摄影师的行列，那年她71岁。

又一次拿起相机，她全身心地投入工作，想做这个，想做那个，想做的事情一大堆，根本没有时间去想年纪的问题。那时候的她说："就算有人问起我的年纪，我还是回答，我没有年纪！"

她像一只快活的小鸟儿，整天忙得不亦乐乎。好奇心驱使她不断地工作，她也永远不允许自己懒惰。

在她86岁那年，恒子去了法国旅行，遇见了同样爱笑的查尔斯，两人惺惺相惜，过后的日子互通信件。她少女般地又一次坠入爱河，但不幸的是，查尔斯很快便离世了。她觉得，自己的一生遗憾和懊悔是有的，但这更加让她坚定自己的初心，想做什么就去做，上天不会给你时间拖沓，否则终将一事无成。恒子将摄影列入终身事业，在2001年获得钻石淑女奖，在2011年获颁第45届吉川英治文化奖，日本摄影协会功劳奖，并且举办了她的个人展，引起了广泛的回响。

在闲暇之余,她将自己的经历写进书中,连续出版四本,书中不见苦难,只有暖人的阳光,每一本,都在指引人们前行。

那一年,97 岁的恒子在家中摔倒,昏迷 22 个小时,大腿和左手臂骨折的伤势极难恢复,医生都认为她很难站起来了。他们说:"老了,该认命了!"可她不认命,她固执着要站起来,固执着不进养老院。她坦言:"自己想做的事情还有一大堆,如果没有梦想,人生也就结束了!我要拍到心跳停止的那一天!"这话让她周围所有的人都震惊。

人若能活到 90 岁,就是上天的恩赐,之后的每一天,都是偷来的,能享受一天,就是赚一天。但恒子不这么想,她的每一天都要活出自己,因为她是微笑着的恒子。

在 100 岁那年,她再次举办了个人摄影展。

认命和向现实妥协太过容易,贪图安逸和不停追逐,都看自己。其实,梦想在什么时候都不算晚,兴趣何时何地都可以坚持。但凡对此有所疑虑的人,只不过习惯了自己的懦弱,习惯了轻易向所谓的现实妥协。

很多人忧虑,如果自己不肯妥协,就会在"错误"的道路上越走越远,并最终无法回头。其实,这对于真正有追求的人来说,生命的每个时期都是不怕犯错的。

在生活中,许多人都喜欢用"现实"来欺骗自己,他们太容易向现实低头。尽管,这在一定程度上看似能够避免我们对抗外力,可同时也让我们变得麻木、变得毫无梦想,没有自己的棱角和个性,变得不再有趣。说到底,没有人愿意承认自己是个无趣者。与其继续无趣,不如改变自己,不要轻易向现实妥协。

有趣者，一定要先"靠谱"

最近镁镁恋爱了，和朋友在一起时，难掩脸上的甜蜜和兴奋。她极为大方地翻开手机相册，向我们介绍她新结交的男朋友。那是一个看上去英俊成熟的男士，镁镁告诉我们，他最迷人的地方不在于外表好看，更关键的是他太有趣了。他很是健谈，会说笑，天南海北什么都知道，看见什么人都能够聊得起来，同时，兴趣极为广泛，比如会打网球、会玩摄影、会唱歌，会今天计划着去哪里旅行，明天要去哪里开party，等等。我想着，一向活泼、爱玩的镁镁能被这样的男士迷得神魂颠倒，也是情理之中的事，因为她和他在一起会时时觉得新鲜、刺激，有新花样。

但是，没几天，镁镁便找闺蜜说那个男人竟然和自己玩"失踪"：打电话不接，发信息毫无音信。她总在自责，是不是自己做错什么事惹到他了，才让他故意不理自己的……接下来，各种猜疑使镁镁精疲力竭，她顿时觉得这个男人真的太不靠谱了。

闺蜜告诉她：一个有趣的人，首先一定是靠谱的，不会每一次都毫无征兆地消失，留另一个人在很长一段时间里惊慌失措。

在生活中，很多人都会觉得，那些兴趣广泛，时时能在生活中制造出新花样的人才算得上"有趣者"，他们可以做事没着落、为人不靠谱，只要能让自己开心就是"有趣"。实际上，真正能够称得上有趣的人，都是心智成熟、思想睿智，有丰富的人生经历，却又始终对世界保持纯真的好奇心。有趣的人，都是极为靠谱的。这里所说的靠谱，是既懂得处事方法，又要有富有诚意；是既能够默默付出，也能够适度表现自己；是凡事都有交代，件件都有着落，事事都有回音。

单位里的一位同事,是个十足的乐天派,不仅对工作负责,为人也极为幽默,所以同事们都爱与他在一起。在单位中,他负责带实习生。为了提升员工的整体素质,每年单位都会招很多实习生,在试用期三个月后,再择优录取。

那位同事因为带的实习生较多,但是在点过一次名后,他却能清楚地喊上来每一位学员的名字。那些实习生无论什么时候向他讨教问题,即便是当时他忙不过来,但无论多久也总能记得主动去给予解答或回复。

有些实习生即便在半夜里给他发邮件,他永远会在第二天一大早给予答复,或者自动留言:"不好意思,我现在有事不方便,你的邮件我将在某日前给予答复。"他回邮件的时间永远是约定的那天的早上。

在现实中,相信每个人在聊天时都会遇到这样的情况,聊着聊着对方突然不说话了。

如果对方隔了一段时间回复你第一句话就是交代他刚刚因为什么事情没回信息。这种人实在不多了。可我的那位同事,无论多晚给他聊天,只要他看到都会及时给予回复。

事事有回音,所有被他带过的实习生都觉得,自己能遇到这样的老前辈,真的是太过幸运了。因为对他心存好感,所以,即便是有些被淘汰掉的实习生后来找了哪家新单位,都会告知他,并且找他聊天。

一次,单位聚餐,大家都喝得有点多,临回家前,那位同事发了一张手机截图给自己的老婆。我观察到,那张截图上显示自己手机的电量已经百分之五。又说道:等下打不通电话别着急,他现在动身回家,应该半个小时左右到家。

凡事都有交代，这样一个极小的举动，避免了不必要的误会，也让女生的心中倍感温暖。

靠谱者，时时都能给人带来十足的安全感。"靠谱"者的思维和行动都有一致性和可预测性，能让他人心里有谱，从而被信任。与"靠谱"的善良者相处，人们心中笃定他不会无故伤害自己。"靠谱"的人会给他人一道心里的底线，即使他的心理受到了刺激，遭遇到了意外，他的行为也总是不会跨过那道底线。

"靠谱"是一种成熟的表现，成熟在某种意义上可以说是人格和心智有了某种稳定性。这样的人不仅更容易交到朋友，得到他人的信任，更很少遭受到外人的误解。因为他们的行为和思维有稳定性，因此，人们可以根据他们的态度去逻辑性地推测出结果。

"谱"是音乐符号，也是演唱的依据。一个"谱"一旦形成，演唱者就必须循规蹈矩，依"谱"而歌。如果"离谱"，就会"跑调"，让人听起来很不舒服。所以，现代人借用"靠谱"一词来形容"行得正"和"靠得住"。"靠谱"的人，一定能让你放心，只要遇到重要的事情，你一定会先想起他。因为你根本不用担心。你交代的事情他一定会放在心上，走心尽力，随时回应，绝不让你焦虑。只有拥有这种"契约精神"的人，才能真正地称得上"有趣"。

少一点"套路"，多一点诚意

在现实中，很多人明明很健谈、极善聊，但在别人眼中是个"无趣"者，因为他的交际中带有太多的"套路"，极为缺乏诚意。

几年来，同事林强经常为自己不良的人际关系而苦恼。实际上，林强是个极为健谈的人，每次与熟悉或陌生人在一起，总能够谈笑风生、高谈阔论，但在互留电话号码后，他总是怕别人给他打电话，总以敷衍的态度对人。

一次，一位陌生朋友在酒桌上与林强聊得甚好，并且互交了电话号码，当时林强拍着自己的胸脯答应道："私下里我们一定要多联系啊！别不舍得给我电话"等等。可是一周后，对方又打电话约林强，说要请他吃饭，这本是一件高兴事，林强却说道："改天吧，我今晚有别的事。"他将时间定在"改天"，便让他人觉得他诚意全无。

"改天再说""改天我们好好聚一聚""改天我一定去"……这是林强的潜台词，这话乍一听没毛病，但里面是在敷衍，将他原本许诺对方的诚意也丧失。

当他说出"改天再聊"时，对方便会就此打住挂掉电话；说出"改天再聚"，意味着彼此转身走开；说出"改天再说"，言名之意就是这事儿不再讨论了。

林强总爱将许多事情安排在"改天"，然而，"改天"一定是他最忙的一天。

林强自己也深知，自己初次与人交往时的侃侃而谈，全部都是"装出来的"。他生怕别人知道自己的真实状态和真实想法，担心别人会看不起自己，担心交往越深，自己越会被人"识破"。

林强知道，良好的个人发展前景离不开良好的人际关系，但他就是不愿在朋友面前袒露自己的真诚。另外，很多朋友在评价他的时候，总觉得他是个"不靠谱"的人，于是，也总不愿主动与他联系，这也让林强失去了很多发展的机会。

一个人的"有趣"离不开良好人格的蓄养。而在所有正直的人格中，真诚是最受人推崇的。在 1968 年，美国心理学家安德森列出550 个描写人的形容词，并让大学生们指出他们所喜欢的品质。统计结果表明，评价最高的人格品质是"真诚"。在其他 8 个评价最高的形容词中，也有 5 个与真诚有关。它们是：诚实的、忠实的、真实的、信得过的和可靠的。而评价最低的品质是说谎、假装和不老实。这个试验表明：如果别人认为你是一个很坦诚的人，就会大受人欢迎，很容易建立良好的人际关系。

不坦诚会损害人的"趣味性"，使其在他人面前的形象大打折扣。其实，将自己的不安、焦虑以及生活中的不如意，向别人坦诚地全盘托出，这种方法是克服人际关系障碍的一种良药。只要你有足够的勇气，敢于袒露真我，不做作，不虚伪，无论是大大方方地表露自己的优势，还是公开自己的不足之处，都是帮你广交朋友的好方法。

美国人本主义心理学家西尼·朱拉德曾说："一个人想要获得健康和充分的自我发展，只有当他有勇气在别人面前表现他真实的自我，并且找到自己人生的意义与目标时才能实现。"生活中，可能会有人担心，在他人面前过于表露自己的真诚，一定会招来他人的嘲笑、讥讽甚至诋毁。而实际上，这种看法是完全没必要的，因为真诚是你内心流露出的真情，世界上没有人会不被真诚所打动。所以，你完全可以放下你的心理包袱，真诚待人，这样才能得到别人的真诚相待。

已经做销售 6 年的刘文海时常觉得，自己朋友很多，但在关键时刻能发挥作用的朋友甚少。无论在厚厚的名片夹中，还是在网络聊天工具上，文海的"联系人"都数都不能直接谈业务。所以，文海就对那些"联系人"都很冷淡，尤其是在网络聊天工具上，他为了避免太多人的骚扰，还设置了"需要验证"——把他加为联系人，需要文海本人的验证。

一天，文海在网上结识了一位曾给了他很大帮助的"联系人"阿香，因为"需要验证"，这位"联系人"第二天才被加到文海的

QQ上。不过，阿香并不介意，她不但帮文海联系了业务，还建议文海他的设置改为无须验证就能加为好友。她对文海说："你这么做，确实能够屏蔽一些无聊信息和广告，但也许你会因此而失去一些客户询问和真心想和你交朋友的网友。有的客户当时没有加上你，也许过去就忘了。当你设置需要验证才能加你为好友的时候，你也就是关上了别人通向你的一扇门。"

文海突然恍然大悟：其实不仅仅是在网络上，不论在任何场所，要想交到更多的朋友，就要敞开你的心扉，敞开别人通向低的那扇大门。

"有趣者"不一定都是真诚的，但是如果你不真诚，那就一定成不了一个有趣的人。可见，坦诚是一种人格魅力，它能让人在瞬间对你产生信赖感，从而更愿意与你进一步交往。所以，无论在工作中还是在生活中，都表露你的真诚和坦率吧，以心换心的真情策略能让你的散发出迷人的气质，从而为你赢得良好的人缘。

一个有趣者，一定是富有教养的

毕业后做一份工作的时候，与一位同事一起住在公司的宿舍。他戴眼镜，温文尔雅，是个极有教养的人。每一次他从外面带饭回来的时候，都会提前问一句，介不介意我饭菜的味道，得到同意后他才会开始吃。而且他吃饭几乎没有声音，从来不吧唧嘴。

有时候，他会在宿舍加班到很晚，他只要看到我一上床，准备睡觉，他便也会关掉台灯，蒙着头开着手电筒在被窝里看资料。只要我在，他都会将自己的手机和电脑插上耳机，只是为了不打扰到我。

实际上，他也有烦闷忧愁的时候，也会抽烟，但每次抽烟都是自己半夜到厕所或者到楼下能抽烟的地方，因为那时的我很讨厌烟味，为此，他抽烟都是避着我。甚至我也从未见过他在公众场合抽过烟。为此，跟他在一起，总会让人极为舒服，因为在旁人还未注意的时候，他总能照顾到他人的感受。

后来，我了解到他很讨厌芒果和榴莲味，因为有一次在公司里，坐在他对面的女生吃了这两样东西，他就开始捂嘴咳嗽。但是有一次，我俩去外地出差，在火车途中我有点饿，但是看看包里只剩下两个芒果了。于是，我便很"绅士"地对他说："我知道你不喜欢这个味，我拿车厢那头去吃了。"他客气地笑笑说："不用了！吃个水果还跑那么远，多不方便。再说，你也不知道那边的顾客是不是也和我一样不喜欢这样的味道！"说完，便从自己的包里拿出一个口罩来戴上，并且歪着头开始睡觉。

于是，我也狼吞虎咽地将芒果吃完。这件事对我震动挺大，那位同事的很多举动都向我诠释了"教养"这个词。

有教养的人，不一定是有趣的，但是一定是令人尊敬的。但有趣者，则一定是有教养的，他们时时能关照他人的感受，时时能克己为人，为人处世让人感到极其舒服。

契诃夫说过："有教养不是吃饭不洒汤，是别人洒汤的时候别去看他。"有时候，能做到自身有修养，只能算是浅层次的教养。真正的教养，是能够包容他人，不让别人感到难堪。

企业家俞敏洪曾说过这样一句话：你可以貌不出众，可以平淡无奇，甚至可以资质愚钝，但是不可以没有教养。一个人的良好气质，必须首先要有教养。可以想象，一个粗俗无礼，张口便大声叫嚷，随地吐痰，说话尖酸刻薄，斤斤计较的人，纵使外表再光鲜，也会让人心生鄙视，哪会让人心生好感呢。

思想家勃克曾写过这样的话:"教养比法律还重要……它们依着自己的性能,或推动道德,或促成道德,或完全毁灭道德。"什么是有教养的人?教养不是随心所欲,唯我独尊;是善待他人,善待自己,认真地关注他人,真诚地倾听他人。真正的教养来源于一颗热爱自己、热爱他人的心灵。"己所不欲,勿施于人"就是对教养最好的诠释。

记得上大学时一位舍友,因为他父母都在医院工作,所以特别爱干净。因为顾及他的感受,我们每个人都会将自己的空间打扫得特别干净。

他的家境不错,每次都给我们带他们家里的营养餐,而且他特别懂中医,每次都会给我们讲解什么体质的人该怎么去搭配食物的营养。

一开始,我们都挺喜欢和他相处。但渐渐地,我们都感觉,在他身边有种莫名的不自在感。他总是喜欢评价别人的行为,毫不掩饰地指出别人不得当的地方。

在宿舍里,只要是谁今天吃了冷饮、喝了冷啤酒,他便会立即挑剔让人家饮食不健康。别人如果两天没有洗衣服,他立即就说对方太脏,不讲卫生。

有一次,我们宿舍一群人被他带到一家饭店吃饭,可他硬是拿着菜单点了一遍,根本不问我们喜欢不喜欢。有一位同学随口说了一句,能不能再加个"油煎豆腐",他却立即说道:"真够损的,你知道我最近在减肥,还点那么油的东西。你是要毁掉大家的健康吗?"这话一出口,大家都不说话了,都显得极为尴尬。

还有一次,宿舍里的另一位兄弟,因为是从小县城来的,家里条件不是很好,所以不经常换袜子。那一次,他脱鞋后,一股脚臭味便冒了出来。刚好让那位讲卫生的宿友闻到了,便开始发牢骚道:"你可真没素质的,在公众场合放这种难闻的气味,我猜你脚上的细菌可能马上就能把你给吃了,是不是马上要去洗个澡呢?"说着,便用脚踢着他的脸盆，让他去澡堂洗澡。这让那位脚臭的兄弟脸立即涨红了起来，没有说话。

自此之后，我们都对那位过于讲卫生的兄弟避他不及，只要和他在一起，都不怎么敢讲话，生怕说出什么不当的话，或做出不当的行为被他数落。

听过一句话，所谓的真正的教养，就是让大家都体面的一种修为。真正的教养，就是能够包容他人的失礼，或者看到别人有做的不当的行为时，不轻视、不攻击，以愉悦礼貌的行为使大家都开心。

一个有趣者，一定是有教养的，他们目光长远、心胸宽广。他们有强大的气场，也有成熟的内在，他们不会站在高处，用自以为是的优势过分地苛责他人，无视别人的行为和话语。也不需要依靠排挤谁、数落谁来抬高自己的身价。他们内心有着对世界的善意和尊重。

不随意向人倾吐自己的苦，也不消费别人的痛苦

一个有趣者，从来不会随意将向人展示自己的苦，将人带入他的"悲苦"世界中，即便是他经历过悲苦，也会以自嘲和幽默的方式去化解这种苦，并顺便给他人带来快乐。另外，他也不会去消费别人的苦，即不在心情不好的人面前展露或炫耀自己的得意之处，而是会将自己的不幸以幽默的方式讲给对方听，让对方从心灵上获得慰藉。

林肯一生都在与不幸与苦难搏斗，他出身卑微、其貌不扬、太太脾气差等，这都是他人生的"苦"，但他从不在人面前展示这种"苦"，而反以轻松幽默的方式将这种"苦"化成了别人的快乐。

对于自己的竞选失利,林肯自嘲说:我出身卑贱,长大后缺乏有钱有势的亲友举荐我。如果你们认为我不适宜当选,也无所谓。反正我已习惯了失望,绝不会为了这一次的挫折而恼恨自己。对于自己的贫困出身,林肯从不以为耻。初任总统时,曾有人笑话他的父亲曾是个鞋匠,林肯自嘲说:"不错,我父亲是个鞋匠,但我希望我治国能像我父亲做鞋那样地娴熟高超。"他的话立即博得人们的一片喝彩声。

对于别人嘲笑他的"丑",他也能精彩地面对。一次,他参加一个集会被邀发言,一位妇女仔细地端详了林肯后说道:"先生,你是我见过的最丑的男人了。"林肯回答说:"夫人,我实在没办法,你有什么建议吗?"那位妇人想了想后说,"那你总可以待在家里吧?"说完林肯就坐下了,大家先是怔了一下,然后就对林肯的机智回答报以热烈的掌声。

还有一次,林肯与道格拉斯进行辩论,道格拉斯指控林肯说一套做一套,完全是个有两张脸的人。林肯回应说:"道格拉斯指控我有两张脸,大家说说看,如果我有另一张脸的话,我会带这张丑脸来见大家吗?"林肯的话逗得大家哄堂大笑,道格拉斯自己也跟着笑了。

对于自己的不幸婚姻,林肯时常自嘲说:"上帝(God)也只有一个d,而我太太托德(Todd)家有两个d,所以她可以对我如此放肆!"还有一次,林肯太太嫌一个女仆干活不认真,狂数落了她一通,把她给吓跑了。当天下午,那女仆的叔叔来取行李,又被玛丽臭骂了一通。这位男子气愤不过,找到林肯投诉。林肯耐心听完了他的陈述后平静说:"我对你的遭遇深感抱歉,但15年来我无时不在忍受这种命运,你难道连15分钟都忍受不了吗?"那人听了林肯的话,怒气全消,还连忙抱歉不该打扰他。

这种以幽默方式化解自己人生的各种"苦"，林肯就是一个极有趣的人。要知道，生活中没人喜欢听人诉苦、抱怨，这样的人，其周身都散发着"霉气"，哪里会讨人喜欢呢！

上海永安百货四小姐郭婉莹，这位出身优渥、毕业于中西女塾和燕京大学的名门小姐，后因家道中落，她便住在北向冰冷的亭子间，工作是砌砖、喂猪、刷马桶、剥白菜。

以前付小费都是 5 元起的她，如今要省掉早饭才能在晚餐时吃一顿 8 分钱的阳春面。

在晚年时，BBC 和华莱士都曾经问过她那段艰辛的岁月，十指僵硬变形的她总是拒绝回答。

如果访问者坚持，她便会以黑色幽默轻轻地回应：这些劳作有助于我保持身材。

大学毕业后，25 岁的她嫁给了清华大学毕业的吴毓骧。吴毓骧是林则徐的后代，出自书香门第。婚纱照中的郭婉莹皮肤白皙，长长的眼睛优雅地扬着，眼中流露出欣赏和喜悦的神情，礼服的贴身裁剪衬出了她凸凹有致的身段，像极了童话中的公主，手捧的鲜花和她的美相比也是略逊一筹。虽然经历了那样的苦难，但她从不逢人诉说，只是微笑着面对以后的生活。

真正有趣者，从来不说自己曾经所受的苦，而且能将曾经的"苦"化为一种"乐"，轻松地在生活中给融化掉。另外，在兴奋的时候，他们也从不去消费别人的苦。而生活中，还有一些人，看似有极好的资源，却总以消费别人的"苦"为乐。

在朋友圈里，大学时期的班长为了方便大家联系，便建了个同学群。大家每天在上面分享开心的人和事，相处得还算愉快。可是，在最近，一个女同学则总是在上面晒自己的女儿：今天女儿参加了一个报价近 3 万元的国外的夏令营；女儿今天的钢琴考了级，单单学钢琴的费用都用掉了10多万元,如今考过了级,学费总算没白花;女儿这次期中考试又获得了全班第一,然后又晒出奖状和各种奖品,为了奖励女儿,今天带她吃了一顿法国自助大餐……自从那位女同学在上面发信息后,群里面便再也没人发声了。不几天后,群主班长果断将她踢出了群。原因是群里面的人大都是普通的工薪阶层,每天为应付工作已经苦不堪言了,再看到她天天在上面"炫成绩"、炫富,自然心里不舒服,于是被果断踢出群。

那位女同学就是在消费大家的"苦":在别人失意的时候,大谈自己的得意之事,这就是所谓的"不知趣"。一个不知趣者,在现实生活中是不会有趣的。

在不会跳舞的人跟前,谈论跳舞的话题不会让你显得多有素养,反而让你显得更加无知。在失意的人跟前炫耀自己的得意,就算是无心说的,也会招惹别人的忌恨。想要人缘好,开口之前就得记住,不管说什么,都不要让人产生自己被比下去的感觉。

没有人生阅历,哪来智慧的累积

生活中,你可能会发现,那些随口一个话题更能张口即来的有趣者,都是有丰富的人生阅历的。一个人的经历越是丰富,他的谈资也就越多。因为经历过,所以说起来总有自己的见解而不是人云亦云;因为经历得多,所以面对各种话题也能够应对自如,而不会手足无措,一问三不知。同时,在生活中,我们不难发现,只有在讲述我们自己的故事时,才能讲述得生动传神,使人有听下去的兴趣。

当然了,人生阅历并不指让你少年老成,它指的是随着履历的增加，智慧与日俱增，心智日趋成熟，它需要时光的打磨和自身的修炼。年轻人荷尔蒙分泌旺盛，精力正处在人生的鼎盛时期，热血在胸中澎湃，有一种初生牛犊不怕虎的胆识和豪情，做事往往比较冲动，等到经历了迷途，碰了无数的钉子，犯下了一系列错误，就会学会反思，慢慢觉醒，逐渐将心态调整好。不要期望一个涉世未深的年轻人不浮躁不张狂，天生就具有豁达的心境和从容笃定的心理品质，因为那是违反自然的。人只有经历多了，体验多了，有了底蕴有了思想，才能拥有成熟的见解、过人的智慧以及令人折服的美好品质。

姜容毕业之后，发现了一种奇特的现象，国内很多公司的老板都只有初中或高中的学历，有些主管没有接受过高等教育，只有中专文凭，但大多数基层职员都有大专或本科学历，其中不乏研究生，他不明白这是为什么。他认为任何一个组织机构都有三个层级，第一层级的人是能统筹全局的大人物，具有战略性眼光和思维；第二层级的人是头号人物的左膀右臂，起到的是辅佐的作用；第三层级的人就是一群勤快的瞎忙者，只懂得执行和傻干，非常务实却没有什么大本领。

姜容觉得自己目前就处在第三层级上，一些研究生和博士生也处在这个位置上，但是那些知识结构不完整，文化程度不高的小老板和中层管理者却处在上层位置。姜容很不服气，平时经常顶撞上级、顶撞老板，对老员工的态度也很不客气，他心中暗想：你们凭什么指挥我，我的能力和学识远强于你们，你们只不过是运气好跑到了我的前面，我要是早踏入社会几年，成就早就超过你们了。

由于姜容棱角太过鲜明，过于恃才傲物，入职没多久就把公司里的人得罪了大半，公司上下纷纷向老板反映，新来的年轻人桀骜不驯、目中无人，个性过于张狂。老板特地找了一个时间跟姜容长谈了一次。

"你觉得公司上下,包括我在内,没有一个人比得上你对吧?"老板开门见山地问。姜容被说中了心事,不知该怎么回答才好。"那你有没有想过,既然你比谁都有本事,为什么我能成为你的老板,而别人能成为你的直属上司呢?"老板又问。姜容沉吟了一会儿,回答说:"那是因为你们奋斗了很多年,而我刚刚开始。""我们踏入社会比你早,社会经验比你丰富,这点你终归是承认的吧。"老板说。姜容点了点头。紧接着老板向他讲述了自己白手起家创业的经历。

他自幼家境贫寒,父母靠卖街头小吃维持生计。每天天色刚刚破晓,就得早早起床,到大街上摆摊叫卖,无论严寒酷暑、刮风下雨,日日如此。他不忍心父母如此辛苦,没念完高中就辍学了,之后当过搬运工、汽车维修工、货车司机,干过推销,也尝试着自己做小买卖,那时很年轻,虽然没有什么资本,但是有一双勤劳的双手,肯吃苦,满脑子都是高大上的理想,拼打多年以后,终于赚来了人生第一桶金,后来慢慢有了自己的事业。他觉得成功无他,只要低调一些,乐于踏踏实实地努力,付出就会有回报,人不能太过狂傲,别人站得比你高自然看得比你远,身上自然有过人之处。

讲完了自己的故事,老板又让姜容谈谈自己的人生经历以及对生活的体会。姜容觉得无话可说,他的阅历太浅薄了,顺风顺水地完成了学业,轻轻松松地找到了工作,不知道什么叫作艰辛,所以对唾手可得的东西不知道珍惜,莫名其妙地瞧不起别人,总觉得自己实力更强。"我的经历乏善可陈,在这方面我确实不能跟你相提并论,你能一手创下家业,凭借自己的本事冲出逆境,身上一定有过人之处,这一点我自叹不如。"经过这番谈话之后,姜容改变了处事态度,为人不再那么高调了,变得平和内敛了许多。

人生的智慧是从生活的阅历和经验中获得的,它不能从书本和课堂中习得。仔细观察你会发现，一个饱经沧桑的市井百姓，对人生和社会的看法，要比一个学识渊博、不谙世事的高学历人才深刻得多。可见阅历本身就能改变人和造就人，如果你想要摆脱乳臭未干的稚嫩形象，想要变得沉稳老练起来，那就请多让自己接受一些磨砺吧，正所谓"宝剑锋从磨砺出"，受得住千锤万凿的历练，方能步入成熟，拥有世事洞明的慧眼和宁和淡然的心境，处理事情更加游刃有余，人情练达方面更加老到，活得更加从容洒脱。

被一眼看穿的精明，最令人讨厌

我们常以一个人是否精明来判断这个人是否有本事，精明和强干常常被联系在一起，似乎成大事者天生不同凡响，天生聪明干练。那么精明是不是一个人最大的资本呢？坦白说，不是。因为精明的人，大多给人一种无趣的感觉。人太精明，太爱算计，在蛋糕和奶酪面前，往往就容易失态，为了多占点便宜，多得点实惠，不惜利用他人、伤害他人，扮演害群之马的角色。对于这类人，我们都会采取避而远之的态度，根本不会给予对方从我们身上榨取价值的机会，所以精明的人能获得的好处是非常有限的。

城府极深的人或许懂得掩饰自己的精明，知道该怎么揣着明白装糊涂，整天披着高明的伪装，在某一历史时期，这类人或许能左右逢源、发展得顺风顺水。但正所谓"路遥知马力，日久见人心"，别人早晚会看穿他们的庐山真面目。生活中，深藏不露的精明人是少见的，大多数的精明人，会被众人一眼看穿，当然也会在最短的时间内被疏远。

我们常看到这样一种人，他们拥有聪明的大脑、快速的反应能力、一流的口才、极强的幽默感,周围总是充满欢声笑语,似乎很得志,然而事实并非如此。别人与他们的交往都是浅尝辄止的,或许是因为看不惯他们的油滑,或许是因为不想充当被利用的工具,人们基于自己的好恶或出于自我保护的目的,有意识地远离了他们,纷纷把憨厚的老实人发展成了朋友。

精明人最大的毛病就是没有共赢观念,一味自以为是,总想好处全占,让别人倒霉,这样的人怎么可能受欢迎呢?即使得了天时地利,也得不了人和,最后必定败在自己的精明上,不可能成就大业。在大多数情况下,人们宁愿与傻瓜为伍,也不愿与精明人深入交往。其实,人太精明,往往真心朋友不多,能调动起来的人力资源非常有限,只能靠利益交换的方式拉拢少量人,一旦失去了利用价值,就会被无情踢出局。所以,千万不要崇拜这类人,更不要以身效法,以免陷入聪明反被聪明误的棋局。

纪霖大学学的是法律专业,他常对弟弟说:"我将来要成为一名律师,游刃有余地钻法律的空子,漂漂亮亮地打几场大官司,在30岁之前声名鹊起,过上别人想都不敢想的好日子。"弟弟总是听得一脸茫然:"我还以为你们学法律的人会认为法律是至高无上的呢,愿意尽最大努力维护法律的公平和正义,没想到你居然有这种想法。"纪霖摸摸弟弟的脑袋说:"你还小,有些事情你不懂,长大了就明白了。"

令纪霖没想到的是,法律系的毕业生工作不好找,他没能顺利进入律师事务所工作,被迫转行了,进入了一家互联网公司,成了一名网络编辑。不过他仍然认为,法学的知识没白学,他觉得法律条文百密一疏,总有空子可钻,一名律师若是懂得钻营是很容易上位的,现在他要把这套理论活学活用,用在复杂的人际关系上,打算在人际关系网上找漏洞,争取以最小的代价达到网络人心的目的,让更多的人为自己所用。

最初，纪霖把自己隐藏得很好，丝毫没显露出狡猾的本色，对待每一位同事都很热情，加入公司没多久，就和大家打得一片火热。但好景不长，别人很快就看穿了他的真面目，纷纷疏远了他。表面上，大家还是和和气气的，照常打招呼，私下里却很少接触了。提起纪霖，全都一脸不屑，谁都不想再和这样的人有什么瓜葛。

刚入职两个星期，纪霖就做出了令人难以容忍的事。下班之后，他隔三岔五地请老员工吃饭喝酒，故意把对方灌醉，从中套取了不少创意。事后将对方的想法应用到了自己的工作上，无耻地剽窃了别人的创意。老员工发现之后，非常气愤，但因为苦于没有证据，实在拿他没辙，只好自己认倒霉了。

这件事发生以后，所有人都不敢和纪霖在一块用餐了，有的饭局实在推脱不掉，席间也是以茶代酒，谁都不敢跟他推杯碰盏了，讲话全都非常谨慎，生怕被人套话。纪霖这才发现不对头了，意识到自己被大家孤立了，于是就佯装伤心地问一名老员工："我真不明白，大家为什么都讨厌我呢？我究竟做错了什么？"

老员工直言不讳地说："小纪呀，你这个人聪明，脑筋活络，又会说好听话，刚来的时候大家都挺喜欢你的，不过人太聪明了，总想自己得好处，让别人利益受损，就不招人喜欢了。"纪霖这才明白，原来聪明也会成为一种负担，在某些时候，人太精明，反而对自己不利。

如果漂流到了一座人迹罕至的偏僻小岛上，只允许你带三样东西，你会选哪些东西？很多人说：一棵高大的柠檬树，一只健康的母鸭子，一个善良淳厚、毫无心机的傻瓜。为什么不带聪明人，非要带上傻瓜呢？聪明人不是更懂得生存之道吗？确实，他深谙此道，知道岛上资源有限，所以会独吞柠檬，杀掉鸭子，一个人吃肉，任由你挨饿受渴。带上傻瓜就不一样了,柠檬结了果实以后,他会把种子埋在土里,种更多的树,有了收获之后,愿意和你一同分享劳动成果;还会把鸭子喂得又肥又壮,让你天天都有鸭蛋吃。最重要的是,他永远不会算计你和伤害你,真心把你当朋友。

把我们的社会想象成那座小岛,我想你的想法也不会改变,本性纯良的傻瓜确实比喜欢算计的精明人更适合做朋友。这就是有些人聪明绝顶,却无法聚合人心,事业总是失败;有些人愚憨老成,不懂复杂的交际规则,却广受欢迎,关键时刻总有人鼎力相助的根本原因吧。老实人没有私心邪欲,往往更能沉得住气,不与任何人争抢奶酪,最后反倒能收获比奶酪更宝贵的东西,所以做人做事还是多学学老实人吧,别去仿效那些令人讨厌的精明人。

适度的热情温暖人,过火的热情灼伤人

有趣者,能把握好与人相处的距离感,他们不会过度表现出个人的热情,也不会对人冷若冰霜。生活中,每个人都希望被热情对待,谁也不想被冷落一旁。可是热情一旦超越了尺度,就会成为一种负担,令人不快,甚至引人猜疑。如果你渴望与他人建立友好关系,就有可能沉不住气,把握不好火候,见人便热情泛滥,搞得彼此都很尴尬。可见,热情并非是多多益善。

黎巴嫩诗人纪伯伦曾经说过:"热情,不小心的时候是一个自焚的火焰。"意思是过火的热情是有害的。的确,超乎寻常的热情,常常让人感到费解,有时还会给人带来无形的压力。比如有些计程车司机害怕乘客无聊,一路上说个不停,热情得忘乎所以,不给乘客片刻的安宁,乘客不胜其烦,却不好意思叫他闭嘴,只好苦挨到目

的地，从此再也不想坐他的车了。人际交往也是如此。热情过了火，往往给人以虚假做作的感觉，不但不能增进信任，培养好感，反而会使别人产生对你敬而远之的想法。施与热情千万不能一厢情愿、强人所难，要充分考虑到对方的心情和需要，做事要拿捏有度，避免过火过激引人反感。

适度的热情，有如冬日的暖阳，让人心里暖融融的。过度的热情则像近距离的火炉，烤得人难受，甚至有可能灼伤人。前者发乎情止乎礼，属于一种真情流露，而后者背后的动机通常没有那么单纯，缺乏诚意和人情味，故很难打动人心，且容易引起猜忌，让人觉得不怀好意。所以你所投入的热情和你受欢迎的程度不成正比，你的热情未必会换来别人的真心，你若目的不纯，一味地对别人热情，让人感觉受宠若惊，很有可能会把对方吓跑。

卫岑在上大学的时候，就已经意识到人际关系对于一个人未来的发展有多么重要，所以参加工作以后，无论见了谁，都会投入百分之一百二的热情，只要一找到机会，就跟别人套近乎，管所有的客户叫老乡，对同事一律用哥或姐相称。有的人觉得她嘴甜，看起来聪明伶俐，对她颇有几分好感，但大多数人都对她那种近乎谄媚的搭讪感到反感。

有一次，卫岑随同事一起约见了一名客户，三人在咖啡馆里边品咖啡边谈业务。卫岑再一次使出了撒手锏，把客户认作了老乡。可这位客户并不买账，他淡淡地说："我有一个来自山西的朋友，购买过你们公司的产品，他说是从一个老乡那里买的，那个老乡就是你吧。如此说来，你应该是个山西人喽。如今怎么又变成我的老乡了呢？我可是地地道道的重庆人啊。"谎言当场被人揭穿，卫岑觉得很没面子，只好圆谎道："我爸爸是山西人，妈妈是重庆人，我出生在重庆，算是土生土长的重庆人。"

"可是听你的口音一点都不像南方人,你的长相也比较像北方人。"客户狐疑地说。"那可能是我长年在北方生活的缘故吧。不瞒你说,我初中、高中、大学都是在北方念的,人生大部分时光都是在北方度过的。"卫岑继续胡诌道。客户没有兴趣再深究下去了,把话题转移到了产品上。卫岑为了把产品推销出去,一直讲个不停,说得口干舌燥,说完又拿出了产品宣传的小册子以及杂七杂八的赠品,还有从家乡带来的土特产,并再三表示愿意送货上门,以后若有什么需要,她会随叫随到。

客户忍不住笑起来:"你的意思是只要我买了产品,以后无论有什么事都可以找你帮忙?"卫岑说:"你有什么需要,就尽管吩咐,咱们现在已经是朋友了。"客户觉得她热情过度了,有些接受不了,本能地对这样的业务员有一种排斥感。当时他并没有购买产品,只说考虑考虑,过一段时间再给答复。客户起身告辞时,卫岑主动递上外套,并尾随其后,坚持要送对方回家。"你人生地不熟的,还是让我送送你吧。""我虽然不认路,但司机认识,你还是请留步吧。"客户说。

"你的公文包很重吧,不如我帮你拎吧。"卫岑又说。"不用了,我想我的臂力应该强过你。"客户一口回绝道。卫岑不知道该说什么好,但仍然不甘心就这么放客户走。最后是老天帮了她大忙,客户刚走出去,天空就降下了大雨。客户没有带伞,只好回到咖啡馆避雨。大雨下到晚上都没有停,卫岑安排他到附近的酒店入住,不但自掏腰包垫付了房费,还端上驱寒汤给对方驱寒,每隔一段时间就到房间里嘘寒问暖。客户仍然不为所动,第二天把住宿费还给了卫岑,依然没有购买产品,说了几句道谢的话就离开了。

有些人为了搞好人际关系,或者讨好对自己有利的人,急于向对方表达热情,表现得分外殷勤,殷勤到了谄媚的地步,这种违反常态的做法往往会给对方带来诸多疑问，为彼此的不信任埋下伏笔。与人相处，一定要讲究分寸，任何事情都不可过度，做事不能越界，无论面对什么人，都要沉得住气，待人接物要不卑不亢、大方热情，这样才能赢得对方的好感和尊重。

人情练达不等于熟谙世故

有趣者，一定是懂得人情世故的，这是受人欢迎的基础。但是究竟什么是人情世故呢？有的人简单地把人情世故拆分为人情和世故两部分，且重世故而轻人情，觉得只要城府深、有心机，知道怎么跟不同的人打交道，怎样跟别人进行资源和利益方面的交换，就算是熟谙人情世故的高手了，甚至认为，年轻人沉不住气，就是因为不够世故。那么事实果真如此吗？

其实不是。人情在前，世故在后，说明人情味要比世故心重要得多，人情练达要比心机、城府有分量。真正雍容大度、沉得住气的人不是因为变得圆滑世故，才有了一身静气和淡定从容的风度，而是因为历经坎坷之后，了解了人生的不易，有了同理心和悲悯心，故能容人之失、容人之过，乐于同别人一笑泯恩仇，化敌为友，不再像青涩时期那样莽撞冲动，能与绝大多数人和谐融洽地相处。

长期以来，人们对人情世故有着根深蒂固的误解，认为被磨平棱角，变得油滑不讲原则，就是参透了世故之道；做事全从实用主义出发，只结交能帮助自己的贵人，不在泛泛之辈身上浪费资源和感情，就是聪明的处事之道；做人深藏不露，伪装得天衣无缝，一味地装傻充愣，揣着糊涂装明白，就能成为凌驾于众人之上的高手。其实不是这样。太世故的人，通常不能得偿所愿，因为他们只能暂时沉得住气,不能长久沉住气,有时会见利忘义,有时会露出原形,藏得再深,终有被人看透的那一天,一旦被人看破,就会为人所唾弃。事实上,少有人真心喜欢世故的人,重情重义富有人情味的人才会广受欢迎,通世故而不通人情者只能得意一时,不能得意一世。

杨凡是一个非常懂得察言观色的年轻人,能一看看透别人心里想要什么需要什么,故而能投其所好,广交朋友。他觉得一个人要想拥有辉煌的事业,必须精通人情世故,因此在这上面下了不少功夫。他很快摸清了朋友们的底细,弄清了什么人对自己的事业有帮助,什么人能给自己提供实质性的支持,什么人对自己一无所用。按照不同的情况,他对不同的人采取了不同的策略。

在办公室里,他尽量表现得很低调,从未显露出野心,对谁都客客气气的,凡事尽可能忍让,没得罪过什么人,也没遭受过打压和排挤,一路走来顺风顺水,埋头苦干了两年,就被提拔为副经理。得势以后,杨凡瞬间露出了本真面貌。从此,他不把任何人放在眼里,对待所有的老员工颐指气使,当着众人的面说上级的坏话,越来越飞扬跋扈。有位老员工感叹道:"真是知人知面不知心哪,没想到杨凡居然是这样的人,以前看着挺老实的,见谁都恭恭敬敬的,一幅怯生生的模样,怎么一夜之间就变成这样了呢?"另一位老员工说:"人家今非昔比了,以前人言微轻,不敢造次,现在已经成了部门里的二把手了,哪还把咱们放在眼里?他瞧不起咱们倒是还能理解,对经理不敬就太不应该了。他可是经理一手提拔起来的,没有经理的栽培,他哪能有今天?他现在这么做明显是过河拆桥,觉得经理没有价值了,又挡着他的路了。嗨,现在的人,怎么这么世故啊?"

两位老员工分析的没错,杨凡确实把经理当成了最大的竞争对手,天天琢磨着怎么取而代之。经理很快看清了他的真面目,觉得忍无可忍，直接找到老板，要求撤换副手，没想到老板说："小杨跟我谈过了，他说你们之间有点误会，无论如何他都不会威胁到你的地位，希望你放心。"听了这话，经理的心瞬间凉了，看来老板是被杨凡迷惑了。想来想去，他觉得现在唯一能依靠的就是那批老员工了。如今老员工个个憎恨杨凡，人人都想把杨凡驱逐出去，他正可以利用这点，将杨凡这个害群之马赶出公司。在经理的号召下，几乎所有的老员工都跟杨凡决裂了，杨凡陷入了四面楚歌的境地。他在公司里待不下去了，有了跳槽的打算，临走之前放狠话说："我会到我朋友的公司当经理，再也不当千年老二了，到时我会让我的朋友把这家公司搞垮，让你们所有人都下岗。"

杨凡高高兴兴地投奔朋友，准备走马上任的时候，局面发生了惊天逆转，朋友的公司倒闭了。"这是什么时候发生的事？"杨凡着急地问。"一个星期前。"朋友垂头丧气地说。"你怎么不早告诉我，为什么还答应让我当经理，是不是故意要我？"杨凡咄咄逼人地质问道。"我就是随口那么一说，没想到你真来了，很抱歉，让你失望了，我现在的境况真是一团糟。"朋友低下头，不敢看杨凡的眼睛。"你确实糟糕透了，全身都是霉味，以后尽量离我远点，别对别人说你认识我。"杨凡说完，便头也不回地走开了。

他万万没有想到，半年以后，这位倒霉的朋友又东山再起了，得知这个消息以后，他不假思索地跑到朋友面前，想要重温旧情，朋友没有理他。在社会上游荡了几个月之后，杨凡仍然没有找到称心如意的工作，莫名怀念起从前的生活，于是他又厚着脸皮回到了原公司，恳求经理不计前嫌收留他，经理再也不信任他了，没有给他机会。杨凡灰头土脸地走出了办公大楼，感到分外茫然，觉得自己就像丧家之犬那么狼狈那么讨人嫌，想起以前高朋满座的日子，顿时有一种恍若隔世的感觉。

世故是一种疾病,染上这种病的人,只能看到人性中的阴暗面,不相信人情,也不讲人情,只想混迹于权谋的圈子里,对有用的人卑躬屈膝,对没用的人弃之如敝屣,为人卑劣,不讲原则,却不以为耻反以为荣,自以为很高明。这样的人,永远不可能站得高看得远,也成就不了大业,因为在人情社会里,人情是第一位的,没有人情味,就什么事情也做不了,机关算尽,也终归会落得一场空。

你的人生不必处处"高配"

高调炫耀,一定不是有趣者的所作所为。对此,网络上曾经流传过这样一个段子:"一部高档手机,70%的功能都是没用的;一款高档轿车,70%的速度都是多余的;一栋豪华别墅,70%的房间都是空闲的……"一语道出了现代人的生活现状和扭曲的志趣追求。为什么那么多人趋之若鹜地追求并不实用的东西,不以浪费为耻,反而高调炫耀奢侈浪费的行为呢?

原因很简单,在攀比风气日益严重的现代社会,能沉住气的人越来越少了,一旦有了财力,都想高调炫耀一番,能够保持轻简生活的人越来越少。能够购买价格昂贵、数量有限的商品,既可以展示一个人的经济实力,也可以彰显其身份地位。所以奢侈品才那么受欢迎。配备了奢侈品的人普遍热衷于高调出镜,迫不及待地想要向全世界的人宣告自己拥有了某种贵得离谱的东西。

不可否认的是,高配置确实可以拉大人与人的差距。比如一个人拥有了一辆超豪华的兰博基尼,而周围的人开的全是普通的私家轿车,他就会认为自己很了不起,发动车子的时候,会故意弄出很大的噪声,以炫耀的姿态开着车子从邻居、同事、亲友面前驶过。

他想传达的信息无非就是我轻松拥有的东西是你们穷尽一生都买不起的。别人会怎么想呢？会由衷地崇拜他？当然不会。会更加主动地亲近他吗？也不会。多数人会迅速远离他。这是因为鸿沟般的差距，会使人产生羡慕、忌妒、憎恨、羞愧、愤怒等一系列不适的心理反应。为了克服这种不适感，人们会不约而同地主动远离刺激源。所以当你的经济实力飞速提升，一定要沉得住气，不要急着到处张扬炫耀，要充分考虑到周围人的感受，尽量别去摆阔，否则所有亲近你的人都有可能毫无征兆地远离你，你辛苦编织起来的人际关系网将被生生撕裂，以后你很有可能要走下坡路了。

　　肖强和杨奎是关系很铁的朋友，两人亲如手足，比歃血为盟的兄弟感情还要好。杨奎以经营小买卖为生，勉强可以糊口，肖强做的是杂货店生意，盈利能力有限。两个人的经济状况差不多。一方有困难，另一方会主动帮忙，毫不犹豫地出钱出力。多年来，他们同甘苦共患难，缔结了牢不可破的友谊。后来，肖强得到了一笔巨额拆迁款，两人莫名有了隔阂。在杨奎眼里，肖强已经不是原来那个憨厚老实的好兄弟了，他变成了另一个人。每次出去吃饭，肖强都要点最贵的牛排和最好的酒，浑身上下一身名牌，头上的发蜡抹得油光可鉴，动辄为餐厅里所有的客人买单，还屡次嘲笑杨奎没品位上不了台面。

　　在肖强面前，杨奎觉得很不自在，所以有意识地疏远了他，两人的来往越来越少了。肖强并没有感到太难过，认为两个人根本就不在一个层次上，断交是迟早的事，长痛不如短痛，也许这样对双方都好。现在的他今非昔比了，可以跟过去的一切一刀两断了。产生这个想法之后，肖强毫不犹豫地关闭了杂货店，搬到了繁华的市区居住，结交了很多新朋友。

　　肖强从头到脚焕然一新，把家里装饰得金碧辉煌，所有的物品都升级换代了,如今的他终于有了阔佬风范,可以认识更多有头有脸的大人物了。他本以为只要不断彰显财力,就能让更多的人亲自自己,没想到事情完全不像他预想的那样。真正有身份有地位的人,远比他阔绰得多,根本不会理会他这种市井小民。大多数人处在社会中层,经济实力远不如他。他的过度炫耀引起了周围人强烈的反感,越来越多的朋友跟他疏远了。

有一次,他请朋友到家中做客,席间不断地炫耀家里的奢华摆设,然后将价格一一报出,并神气活现地说:"这些东西,别人奋斗一辈子也买不起,对我来说,却仅仅是消遣品。"那位朋友从此便不再与他来往了。又有一次,他刚买了新车,高调地邀请朋友一起开车兜风,半途中忽然开口道:"你那辆老爷车都老掉牙了,什么时候也换一辆?"接着用得意的口吻报出了自家新车的身价,朋友汗颜地说:"那种车我买不起。""不会吧,这点小钱都拿不出?"肖强的表情和语气都很夸张,朋友听了很不高兴,以后的路程一直一言不发,事后断绝了与肖强的往来。

若干年后,肖强将拆迁补偿款挥霍一空,变得一贫如洗。他一个朋友都没有,连求助的对象都找不到。最后只好搬回了原来的住处。回到故地,他忽然想起了好兄弟杨奎。可惜那时杨奎已经搬走了。肖强翻遍了通信录也没找到杨奎的手机号码,他这才想起发迹以后,第一个被删除的电话号码就是杨奎的。忆起昔日的情谊,肖强感慨万千,往事涌上心头,万般滋味集于心间,令人唏嘘不已,如今旧情已了,旧梦已逝,只剩下一条黑暗悲惨的道路,肖强怎能不难过呢?他一个人自斟自饮,喝了一晚上闷酒,平生第一次喝得酩酊大醉。

如今,很多人都渴望成为不折不扣的高配主义者,吃穿用度不求最好,只求最贵,急于和周围的人拉开档次,殊不知档次拉开了,人与人之间的距离也拉开了，多年的友谊很可能就此毁于一旦。所以物质富足以后，最好低调一点，不要表现得太过狂傲，切勿迷恋一掷千金的潇洒感觉，因为快感只是一时的，而天长地久的友谊却是一世的。

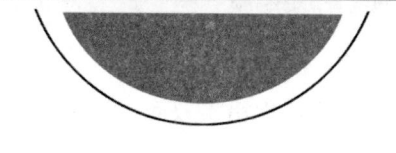

第七章

提升你的"幽默感"：
谁都难以拒绝一个风趣的人

　　"有趣者"身上都有一种欲罢不能的气质，那是思想浸染过后的通透，看透世事真相过的达观。因为他们看得明白，所以活得精彩。他们都是具有"幽默感"，是风趣的。他们拥有丰富的知识积累，所以说话极有艺术性，总能将尴尬、复杂、紧张的关系，以幽默的形式轻松化解。

　　法国著名作家埃斯卡皮说："在我们这个极度紧张的社会，任何过于严肃的东西都将难以为继。唯有风趣、幽默才能使全世界松弛神经而不至麻醉，给全世界以思想自由而又不至疯狂，并且把命运交给人们自行把握，因而不至于被命运的重负压垮。"的确，在现代社会中，风趣，幽默实在是一种极为丰富的养料。所以，要成为一个有趣者，一定要事先去提升你的"幽默感"。

真正热爱生活的人，都是擅长自嘲的

许多人都曾问道："经常被别人笑话怎么办？"

"那就和他们一起笑自己啊，如果他们看不到你的难堪，就会觉得你是一个超有趣的、能够开得起玩笑的人！"我常这样答道。

实际上，真正懂得热爱生活的人，都是擅长自嘲的，而善于自嘲的、幽默的人，往往是有趣的。正如老舍所说，一个会笑，而且能笑自己的人，决不会为件小事而急躁怀恨……嬉皮笑脸并非幽默；和颜悦色，心宽气朗，才是幽默。

对此，很多人问会，自嘲不是更会使自己无地自容吗？

心理学中有个概念叫作犯错误效应，也叫"瑕不掩瑜效应"，指的是对于有实力的人，犯下某个小小的错误反而会提高他们的魅力。但这个效应有一个关键的地方就是：自嘲时，你必须彰显你的实力。否则只会适得其反。

对此，你必须掌握以下两个方法：以柔克刚和欲褒先黑。

以柔克刚展现的是自己口才，能够通过语言引导，化解对方的恶意笑话。

萧伯纳是位幽默家，当他的新作初次上演时，受到观众热烈喝彩。萧伯纳也在座，但他旁边一位观众对萧伯纳这次新作的演出评价说："糟透了。"萧伯纳听到后，对他说："我的意见和你一样，但是我们两个人反对那么多的观众，有什么用呢！"

欲褒先黑展现的是自己的真正实力，即通过黑自己来表现自己的雄厚实力，就像自己拿过别人攻击你的长矛，在自己的盔甲上戳两下，结果长矛断了。对方此时一定心胆俱裂，再也不敢发动进攻。

有一位先生在一家西餐厅里用餐，他正要喝汤的时候，忽然发现汤里有一只苍蝇。他扬手招来服务生，面带讽刺地说："请问，这东西在我的汤里干什么？"服务生弯下腰，仔细看了半天，回答道："先生，它是在仰泳！可能是我们这里太缺水了，苍蝇竟然将你的食物当成游泳池了。"餐馆里的顾客被逗得捧腹大笑。

在这种情况下，无论服务生如何解释、道歉，都只能受到尖锐的批评，甚至会引起顾客的愤怒。但是，他却以"自黑"的方式，将顾客逗得捧腹大笑，觉得这件事情可以被原谅。

一个哲人说过，知世故而不世故，擅自嘲而不嘲人，爱人爱己，豁达乐观。这就是我们对待生活最好的态度。有一句话是这么说的："笑的金科玉律是，不论你笑别人怎样，先笑你自己。"自嘲让我们离开窘迫的境地，适当的"自嘲"方法，不仅可以使我们受伤的心理得到安慰，也会让别人对我们"刮目相看"，获得自尊。

一次马克·吐温应邀赴宴。席间，他对一位贵妇说："夫人，你太美丽了！"不料那妇人却说："先生，可是遗憾得很，我不能用同样的话回答你。"头脑灵敏，言辞犀利的马克·吐温笑着回答："那没关系，你也可以像我一样说假话。"

马克·吐温有一天来到一个小城市，他想找一家旅馆过夜。旅馆服务台上的职员请他将名字写到旅客登记簿上。马克·吐温先看了一下登记簿，他发现很多旅客都是这样登记的，比如：拜特福公爵和他的仆人，这位著名的作家于是写道："马克吐温和他的箱子。"

平常生活中，我们时不时地就会碰上一些人的嘲笑，心里肯定会不好受或怒火燃烧。这时，如果我们辩解或发怒，只会引来更大更深的嘲笑。最明智的方式就是自己嘲笑一下自己，也许会平息风波或让嘲笑我们的人感到惭愧。

当然了，自嘲者必须首先懂得自谦和自信，自谦使我们看清自己，自信使我们充满力量，经受住一次又一次的打击；其次自嘲要学会自尊自爱，只有自尊的人才会赢得别人的尊重，只有学会爱自己的人才会学会爱别人，才会得到别人的爱；

另外，自嘲要灵活运用幽默的语言，幽默的力量是巨大的，可以变严肃为诙谐，化沉重为轻松，在幽默的氛围中，人人都会情不自禁地把坏心情转化成好心情。

懂得自嘲，宣泄掉心中的垃圾情绪，将快乐装在心中。学会自嘲拥有一个平稳与健康的心理，以一种平和恬静的心态去品味、感悟生活中的苦辣酸甜。

有人讲，能自嘲者必须是智者中的智者、高手中的高手。没错，自嘲是有趣者常用的一种娱乐方式，是不自信者不敢使用的方法，因为它要你自己骂自己。需要你反复的拿捏尺度和题材，然后巧妙地引申发挥取得一笑。一个没有豁达、乐观、超脱、调侃的心态和胸怀，是无法做到的。

一位现代诗人曾说过，自嘲谁也不伤害，最为安全。你可用它来活跃谈话气氛，消除紧张；在尴尬中自找台阶，保住面子；在公共场合获得人情味；在特殊情形下含沙射影，刺一刺无理取闹的小人。

用轻松的话语调节生活

俄国文学家契诃夫曾说过这样一句话："不懂得开玩笑的人，是没有希望的人。"可见，在生活中保持幽默，对于一个人来说是多么重要的一件事。生活不可能是一帆风顺的，在前行的道路上我们总是会遇到许多的沟沟坎坎，有的人终其一生都活在抱怨和悲哀之中，但是有的人能让自己活得轻松潇洒，不管生活怎样艰难，他们都能在困苦中寻找到快乐的元素，并将这些欢乐带给身边的人。试问一下，这样的人又有谁不喜欢与之交往呢？

幽默是一种智慧的表现，具有幽默感的人无论走到哪里都受欢迎，幽默的人又是可爱的，他们总是能适时地在一汪清水之中激起点点涟漪，使得平日里琐碎的生活增添几分韵味与情趣。

26岁的阮灵芝是一家文化公司的图片编辑，新年到了，公司按照老规矩，要求各位员工列举自己"一年来近况"。阮灵芝的回答如下："这一年对我而言，进步的是失眠症及智慧，退步的是记忆力，总体收支平衡；增加的是腰围和胆固醇，减少的是头发及幽默感。附注：如果你注意到今年的笑话字体比以前有所放大，那证明本人视力正在无可挽回地退化。"她的这一创造性的回答引来了老板及全体同事善意的笑声和热烈的掌声。

有人说，一个没有幽默感的人，就像鲜花没有香味，只有形没有神。有的人美丽精明，难以接近；有的人漂亮柔弱，让人怜惜。面对生活和工作，我们总会有不尽如人意的时候，但千万不要把自己放置于一种怨天尤人的氛围之中，要用幽默的语言轻松化解对环境的不满，合理、适度地调整大家的心情。在合适的场合，适当地说几句俏皮话，勇敢地自嘲几句，会让你显得更加迷人。

俗话说："一笑解百忧。"幽默、诙谐、风趣的行为和笑话，是活跃、丰富生活的兴奋剂，也是化解夫妻矛盾的调和剂，在种种生动有趣的幽默战术"轰炸"下，最冷漠的人也会在对方的幽默中弃械投降。

刘珏是一家销售公司的总监，在平日里性情豁达、温和、幽默，但偶尔也会发点小脾气。一次，他对快要发怒的妻子说道："我在很久以前就学到了这么一个秘诀：等一会儿你发怒时，如果克制不住自己，不得不扔掉一些东西来出气的话，那么应注意把它扔在你的眼前，可别扔得太远。这样，捡起来就省力多了。"紧接着，他还补充道："这个方法是多次和你吵架之后，自己总结出来的。"这话一出，妻子便哈哈大笑起来，气一下子就消了。有一次，他们又因为一点小事吵得不可开交，结果一气之下，妻子就将刘珏最心爱的剃须刀扔到了花园里，刘珏找了很久也没有找到，于是第二天他胡子拉碴地去上班了。同事们都在私底下偷笑，因为刘珏平时是非常注意这些的。

回到住处，妻子看到他一脸的邋遢相，再加上刘珏的满脸委屈，妻子哈哈一笑说："下次扔东西就扔到门口好了。"其实妻子不知道的是，刘珏早就找到了剃须刀，只是想借自己狼狈的胡茬逗妻子开心，不然怎么能这么轻易结束冷战呢？

幽默是化解矛盾、缓和气氛的良药。但是在现实生活中，很多恋爱中的男女几乎将幽默拒之门外了。两个人在吵架生气之后，化解矛盾的方式，只是单一地用说好话、赔礼道歉或生闷气、找人说和、要么让时光慢慢冲淡。这样古老而又落后的方法应该改变一下了，事实上，幽默不仅是爱情生活的润滑剂，还能消融情侣间的疙疙瘩瘩。

幽默是一种风度，一种优雅，一种大家风范，一种灵魂修炼，一种自我美育，一种文化品格，一种高层次的人生况味。一个懂得幽默的人，一定是聪慧而且善解人意的。这样的人懂得用自己的方式化解生活中的怨恨，用微笑放松自己。对比那些成天牢骚满腹，愁眉苦脸的人来说，他们总是忍不住想让人靠近。

制造"荒诞法"，让人忍俊不禁

荒诞，也就是荒谬怪诞，不合常规，不合情理，不切实际，稀奇古怪。确实，如果世界上的一切事物都处处符合常规常理，我们很难再找到幽默。幽默大师卓别林说过："所谓幽默，就是在我们看来正常的行为中觉察出来的细微区别。换句话说，通过幽默，我们在貌似正常的现象中看出了不正常的现象，在貌似重要的事物中看出了不重要的事物。"幽默的言外之意正暗示着现实的荒谬。

一个女孩因失恋而茶饭不思，形容憔悴。她的一位女友这样安慰她："看你，越来越瘦了，你再这样瘦下去，我就把你挂在晾衣绳上，给我当衣裳架子。"说得她破涕为笑，心里轻松了许多。这就是一种离奇的夸张，想象奇特，产生了谐谑的效果。

运用夸张制造幽默，离不开丰富的想象力。只有那些具有卓越的想象力的人才能使夸张这种很平常的修辞方法产生出令人惊叹的幽默效果来。

一个年轻的音乐家从华沙乘火车到莫斯科。在车厢里看乐谱的时候，被同车的一个特务发现了。特务认为乐谱有问题，要分析一番，结果自然分析不出什么来。于是特务把他当间谍逮捕，声称那乐谱就是密码。音乐家被带走时抗议说："那不过是巴赫所作的逃亡曲罢了。"翌日，他仍否认有罪。于是警察总监威胁地说："同志，你还是招了吧。别耍什么花招了！巴赫他自己已经认罪了。"

这则故事荒唐透顶，令人忍俊不禁。

夸张能制造荒诞，荒诞能产生幽默。当然，也并非全然如此。李白的"白发三千丈""燕山雪花大如席"是夸张，但我们听不出幽默。夸张只是一种修辞手段，用在不同的场合、不同的对象、不同的情境中，会产生各种不同的效果，只有和生活中的荒谬之处与人的滑稽可笑之处紧密相连，它才能产生幽默。夸张正是通过对生活中反常的因素的极力夸大、渲染，来揭示生活的某些不合理与不和谐现象，来对自己和他人的某些无伤大雅的缺点、毛病进行善意的嘲讽和规劝。夸张还特别需要一种调侃、达观的态度，充满嫌厌的夸张那绝不能产生幽默。

比方说和你同屋的小张不太讲究卫生，几周才换一次衣服，如果这时你抓起他的衬衣挖苦说："瞧你，身上的虱子比猪身上的还多。"这虽然也是夸张，但由于将人与猪放在一起，显然已带有人格侮辱的味道，不会产生幽默感。如果你换一种打趣的方式说："咱们住了这么久，我今天才发现你身上还有这样一片肥沃的土地，那帮喝你血的家伙恐怕已'四世同堂'了，你也该给它们来个'三光政策'了吧！"你的这种煞有介事的夸张，一定会让他在哈哈一笑的同时将他的脏衣服扔进开水盆里。

随机应变，是"幽默"的至高境界

最聪明的幽默不是深思熟虑的产物，而应该是随机应变、自然而成的结晶。聪明人总是会随机应变地处理各种事务，幽默的人也是如此。有准备的幽默当然能应付一些场合，但难免有人工斧凿之嫌；随机应变的幽默才是最精粹、最具有生命力的，也是最难把握的至高境界。

英国作家狄更斯酷爱钓鱼。有一次，狄更斯正在一条河里钓鱼。一个陌生人突然走到他跟前，打断他问道："先生，您在钓鱼？""是啊，"狄更斯毫不迟疑地回答，"今天钓了半天了，也没一条鱼上钩；可是在昨天，也是在这个地方，我却钓到了15条鱼！"

陌生人说："是吗？"然后露出奇怪的笑容，"那你知道我是谁吗？"狄更斯感到莫名其妙，连连摇头说："不知道。"

陌生人接着说："我是这条河的管理人员，这段河面上是严禁钓鱼的！"说着，那陌生人从口袋里掏出一本发票簿，要记下眼前这个垂钓者的名字并罚款。

见此情景，狄更斯并不着急，而是很镇定地反问他："那么，你知道我是谁吗？"

陌生人在听到狄更斯的反问后惊讶不已，于是狄更斯大笑着说："我是作家狄更斯。你不能罚我的款，因为虚构故事是我的职业。"

狄更斯在这里用随机应变的幽默手法，表现出了非凡的灵敏和机智。

开往乌鲁木齐的列车上，列车员正在检票。一位第一次乘坐本次列车的先生，手忙脚乱地寻找自己的车票，在他翻遍所有的口袋之后，终于找到了火车票。他自言自语地说："感谢上帝，总算找到了。"

"找不到也不要紧！"旁边一位年轻人说，"我到乌鲁木齐去过20次都没买车票。"

他的话正好被在一旁检票的列车员听到，于是列车到乌鲁木齐车站后，这位年轻人被带到了拘留所，接受审问。

警察问："你说过，你曾20次无票乘车来到乌鲁木齐。"

年轻人回答说："是的，我说过！"

警察问："您不知道这是违法行为？"

"我不这么认为。"年轻人看起来很坦然。

警察问："那么，无票乘车怎么解释？"

"很简单，我是开着汽车来的。"

这位年轻人真是有"把稻草说成金条"的本事。无可非议，他以前一定有过逃票的行为，但他能巧妙地运用幽默为自己开脱，列车员能拿他怎么办？这就是随机应变的幽默力量。

罗蒙诺索夫是一位俄国学者。他向来生活简朴，不大讲究穿着。有一次，一位外表衣冠楚楚，实则不学无术的英国商人，看到罗蒙诺索夫衣服上有一个破洞，便指着那里挖苦他说："在这个破洞里，我看到了您的聪明才智。"罗蒙诺索夫毫不客气地回敬："先生，从这里我却看到了另一个人的愚蠢。"

英国商人想借衣服破洞，小题大做、贬损罗蒙诺索夫的人格，这无疑反映了他的无耻和恶劣的品质。罗蒙诺索夫就抓住这点，随机应变地选择了与聪明相对的词语"愚蠢"，准确地回敬了对方，使其自食恶果。

幽默是一种智慧的表现。随机应变的幽默，从机智出发，赋予机智以新的动力，同时也对幽默自身的意念、态度和手法产生影响。当机智在幽默中以其理性姿态出现时，则构成了机智性幽默这一新生物。

"故作玄虚"式的幽默，能出奇制胜

幽默的表现形式是多种多样的。但通常情况下，同样的一句话说得含蓄，幽默感就强些，反之，则可能煞风景。而故作玄虚的奥秘就在于，利用对方预期转化的心理，出奇制胜，但其解释要在真理与歪理之间。

法国寓言家拉封丹习惯于每天早上吃一个土豆，有一天，他把土豆放在餐厅的壁炉上晾一下，不久却不翼而飞了。

于是他大叫："我的上帝，谁把我的土豆吃了？"

他的用人匆匆走来说："不是我。"

"那就太好了！"

"先生为什么这样说？"

"因为我在土豆上放了砒霜，想用它毒老鼠！"

"啊，上帝！我中毒了！"

拉封丹笑了："放心吧，我不过是想让你说真话罢了。"

这里拉封丹用的正是故作玄虚的方法，从心理预期来说是双重的失落。第一次是仆人说自己没有吃，而拉封丹说太好了，仆人有轻松的预期，结果转化为非常严重的后果，接着又来了一个对转，预期的危险完全消失。这是双料的故作玄虚，本来什么事也没有，平淡无奇，借一个没有毒的土豆，弄了两次玄虚，让仆人的心理失落了又失落。

我国南北朝时期北齐高祖身边有一个优伶叫作石董桶，专门以幽默的言行来逗皇帝开心。有一次齐高祖大宴近臣，出了一个谜语叫众臣猜。谜面很古怪，叫做"卒律葛答"，按古代汉语的读法有点像现代汉语的"疙里疙瘩"。大家都猜不出，只有石董桶猜对了，是煎饼。齐高祖又提议大家出一个谜让他猜猜，大家不敢，只有石董桶出了一个谜，也是"卒律葛答"。这下把齐高祖给蒙住了，问他谜底，他说："是煎饼。"

这是利用了现场的一种心理预期，既是新出谜语，必有新底，谁也不会想到竟是原来谜语的重复。这就是故作玄虚的功能了。

故作玄虚的玄虚是构成幽默的要素，并不意味着只有在纯粹的玩笑中才用得上，有时在现实的人际交往中，甚至在政治生活中发生某种失误，例如政治家的失态，用现实的办法是无法弥补的，只能急中生智，有意使这种失态玄虚化。

20世纪60年代初，当时的苏共中央总书记赫鲁晓夫在联合国大会发言时，由于会场上某种特殊的反应，他突然举起一只皮鞋乒乒地敲着讲台说话。人们原以为那只皮鞋是赫氏自己的。可是新闻照片证明，皮鞋在他脚上穿得好好的。历史过去了30年，人们从赫氏的私人档案中揭开了这个谜。原来皮鞋是坐在附近的某国家外交代表团的一位成员的，这位成员当时正在打瞌睡，赫氏便就地取材使用了一下。

敲击声惊醒了这位先生，当他尴尬地寻找鞋子时，赫氏刚好走下讲台，顺便轻轻地拍着他的肩膀说："没有什么，你不过是梦中失落了一只皮鞋而已，我将来一定会赠你优质的乌兹别克皮鞋。"

　　未经允许拿了别国外交代表的皮鞋，这对于政治家，特别是国家领导人，是很不成体统的，赫鲁晓夫的机智和幽默才能这时帮了他的忙，一下子把皮鞋由现实世界推向虚幻的梦境。这种推向玄虚的办法便淡化了现实的失礼，而强化情趣的交流。这样急中生智的幽默使赫氏减少了被动。

　　故作玄虚全部的奥秘就在于利用对方预期转化的心理。这种方法变化万千，有时不是给人一种双重转化，而是相反，故意给他一个没有转化的谜底，让他期待对转的心理落空，恢复到常态。

"一语双关"式的幽默：言在此而意在彼

　　一语双关，是指在一定的语言环境中，利用语句的同义或谐音的关系，有意识地使语句具有双重意义，言在此而意在彼。一语双关的幽默的力量，能够帮助你笑对人生，轻松愉快而又有意义地生活。并借以言在此而意在彼的智慧，化解人际交往中的不愉快，既保留对方的面子，又不失自己的风度。

　　有一位年轻的作者来到某编辑部，递上自己的作品。编辑看了作品以后问他："这篇小说是你自己写的?""是我自己写的。"年轻人答道，"我构思了一个多月的时间，整整坐了两天才写出来的，写作真苦!""啊，伟大的契诃夫先生，您什么时候复活了啊!"编辑大发感慨。听了编辑的话，年轻人赶紧悄悄地离开了编辑部。稍加思索，年轻人就会明白，"契诃夫先生，您什么时候复活了啊!"这句话，隐喻着"你抄了契诃夫先生的作品"。其效果远胜于快言快语地指出作品是抄袭的。

为了增加语言的幽默或讽刺意味，可以借助词的简单关系，造成语带双关、明言此暗言彼的效果。在论辩中，当遇到棘手的问题不好回答或不能回答时，一语双关往往能收到出人意料的效果。

阿凡提租闹市的店面开理发店，租期为1年。店主仗着店面是他租给阿凡提的，每次剃头都不给钱。有一天店主又来了，阿凡提照例给他剃了光头，边刮脸边问道："东家，眉毛要不要？"

"废话，当然要！"阿凡提嗖嗖两刀，把店主的两道浓眉剃下来了，说："要，就给你吧。"

店主气得说不出话来，埋怨自己不该说"要"。"喂，胡子要不要？""不要，不要！"店主忙说。阿凡提嗖嗖几刀，把店主苦心蓄养的大胡子刮下来，甩在地上。阿凡提用双关语，把店主整治得无可奈何。

由于双关语含蓄委婉，生动活泼，又幽默诙谐，饶有趣味，能给人以意在言外之感，又使人回味无穷。

有一次，美国总统里根决定恢复生产B—1轰炸机，引起许多美国人的反对。在记者招待会上，面对责问，里根答道："我怎么不知道B—1是一种飞机呢？我只知道B1是人体不可缺少的维生素，我想我们的武装部队也一定需要这种不可缺少的东西。"

这句一语双关的妙言，一时竟使得那些反对者不知所措。

有一天，著名诗人海涅正在创作新诗，听到有人敲门，海涅不得不停下笔去开门。原来是邮递员送来一件邮包。寄件人是海涅的朋友梅厄先生。

本来，因紧张写作而感到疲倦的海涅，被人打断写作思路是很不高兴的，但当他不耐烦地打开邮包之后，疲倦却马上消失了。

邮包里面包着层层纸张，海涅撕了一层又一层，终于拿出一张小小的纸条。小纸条上就写了短短的几句话："亲爱的海涅，我健康而又快活！衷心地致以问候。你的梅厄。"

海涅没有感到不耐烦，而且被这个玩笑逗得十分快乐，调整一下情绪后，他决定给朋友也开一个玩笑。

几天后，梅厄先生也收到了海涅的一个邮包。那邮包非常重，梅厄先生一个人无法把它拿回家去。他只得雇了一个脚夫帮他把邮包扛回家去。

回到家里以后，梅厄打开了这个奇怪的邮包。结果他惊奇地发现，邮包里面什么也没有，只有一块大石头。石头上有一张便条，上面写着："亲爱的梅厄！看了你的信，知道你又健康又快活，我心上的这块石头落地了。我把它寄给你，以永远纪念我对你的爱。"

海涅的回复，一语双关地既表达了问候，又报复了梅厄先生的恶作剧，可谓幽默的经典。

一语双关的幽默是人们为改善自己情绪和面对生活困境时所产生的一种需要，它的形成主要在于人们的情绪。当你对他人的幽默以快乐和肯定来回应时，当你帮助他人感受快乐时，健康的幽默就已经产生了。

"含而不露"式的幽默，巧妙制胜

所谓含而不露就是运用暗示幽默法，即对事物表达自己的看法，不是通过直说，而是通过种种可能进行曲说，并达到幽默效果的方法。

美国有句谚语："一个小丑进城，胜过一打医生。"说的就是含而不露的幽默的妙用。含而不露的幽默，能用一句话攻击、戏耍他人，既让自己有台阶下，又让别人张口结舌，面红耳赤。这就是一个幽默的人处理戏弄他人的办法。

一次，诗人郭祥正把自己写的一首新诗送给苏东坡鉴赏。但在苏东坡看诗之前，他自己先有声有色地吟咏起来。吟完诗，郭祥正才来征询东坡的意见："我这诗怎么样，能评多少分啊？"苏东坡不假思索地说："十分。"郭祥正大喜，又问："真的能有十分？"苏东坡笑着答道："你刚才吟诗，七分来自读，三分来自诗，不是十分又是几分？"就这样，苏东坡含而不露地讽刺了郭祥正。

含而不露的幽默是一种个性的表现，能反映出你的开朗、自信和你的智慧；含而不露的幽默对人际交往大有好处，它会使你显得更容易接触，和你接触很快乐，别人可以平视你而非仰视；含而不露的幽默还能让你成为最受欢迎的人，这对你的工作和生活的愉快大有帮助。

交际能力强的人，总是会利用幽默，给人们带来欢乐。比如，在同学聚会或者其他人比较多的场合，可以抓住身边的事物，现场发挥一下。聚会中，有人打翻了盘子，有人摔了一跤，都可以拿过来幽默一下，既帮别人解了围，又能让大家开怀一下，缓解紧张气氛。

蔡澜曾经写到过这样一件事：有一次，蔡澜在欧洲闲逛，无聊之下在酒吧中邂逅了一位美丽的女子。蔡澜吸引其注意的方法是向陌生女子比画："我令你快乐。"当那女子摆出一副愿闻其详的姿态时，蔡澜知道自己已经成功一半了。接着蔡澜伸出左右手，道："用左手，用右手。"又眯眯眼睛："还用舌头。"女子顿时大怒，认为他有意无礼。此时，蔡澜把手放在两耳边，同时吐舌，做可爱猪八戒状，女子顿时笑不可抑。一场萍水相逢，两人皆大欢喜，此为含而不露的幽默之功劳。

从某种意义上讲幽默是你个人竞争优势的一种手段，如吸引异性、得到更好的工作，等等。人都有追求快乐、逃避痛苦的本能，所以，在人际沟通中，能够给他人带来快乐的人，往往是最受欢迎的。

暗示幽默法广为人们喜欢，其原因在于它在多个方面对人们进行了照顾、安慰。比如面子，后面躲着自尊。如果有人在某些方面伤害了你，你用露骨的方法去刺他，不论他的面子后的自尊有没有教养，它都不允许自己被刺，那么仇恨、报复就由此产生了。

如果运用暗示幽默法来解决，首先，照顾了他的面子，而曲言婉至的话语却达到了尖锐的实质。其次，一方面他会知难而退，另一方面，他会因你照顾了他的面子反而对你有了钦佩和感激之情。

会说话的人，你常常会在他的身上发现暗示常驻。暗示幽默法，能广泛地用于生活的各个方面，帮助我们走出困境。

含而不露的幽默是用影射手法，机智而又敏捷地指出别人的优缺点，在微笑中加以肯定或否定。生活中应用幽默，可缓解矛盾，调节情绪，给人带来欢笑，征服忧愁和烦恼，使人的心理处于相对平衡的状态。

"暗度陈仓"式的幽默，让交流妙趣横生

暗度陈仓的幽默，是智慧，是一个人良好素质和修养的表现。幽默能表事理于机智，寓深刻于轻松，给周围的人以欢笑和愉快。幽默运用得恰当，能为谈话暗度陈仓，叫人轻松之余又深觉难忘。

恩格斯曾经说过："幽默是具有智慧、教养和道德的优越感的表现。"暗度陈仓的幽默，是一种高深的说话艺术手段。幽默能表现说话者的风度、素养，使人在忍俊不禁的同时，能够创造轻松活泼的氛围。

民国时期，国民党考试院院长戴季陶要在广汉建造私邸，选地址时，把一位清末的老秀才的3间破屋也划在私邸范围内。老秀才为此很着急，他的朋友们给老秀才出点子，说戴季陶信佛，要他利用这一点，说这3间破屋风水不好。

无奈之下，老秀才给戴季陶写了一封信："戴公传贤院长大人钧鉴：迩闻我公于梓里兴建华堂，为广汉古城增色，不胜欣喜。然而动土露去敝舍柴屋三间，本应理当奉献大人，唯此房历来风水败逆，贻误子孙繁衍。如此不毛之地，今我公改建公园，未免魑魅魍魉作怪，不利长居久安……"

戴季陶见信后很生气，当即派人将老秀才的3间柴房归还主人。老秀才"明修栈道"说风水不好，会闹鬼，这全是为戴院长着想。实则"暗度陈仓"，利用戴的忌讳，保住了柴屋。

生活中的"插科打诨"是毫无意义的幽默，幽默也不是没有分寸的卖关子，要嘴皮。幽默要在入情入理之中，引人发笑，给人启

迪，善于使用它需要一定的素质与修养。

幽默从功效上说，有愉悦式幽默、哲理式幽默、解嘲式幽默以及讥讽式幽默。为了达到幽默的最佳效果，对同事朋友宜多用愉悦式幽默和哲理性幽默；对待自我、对待友人也可以根据情况适当运用解嘲式幽默；对待敌人、恶人则要用讽刺性幽默，以便在用幽默讥讽、鞭挞对方的同时，给周围的同事、朋友以愉快。

美国作家马克·吐温也很擅长幽默。一次，一位百万富翁在他面前炫耀自己刚装的一只假眼："你猜得着吗，我哪只眼睛是假的？"马克·吐温准确地指着他的左眼说："这只是假的。"百万富翁非常惊讶地问："你是怎么知道的，根据是什么？"马克·吐温说："因为我看到，只有这只眼睛还有一点点仁慈。"

一个人的面部表情上的幽默技巧，也是很重要的。德国哲人黑格尔曾说过："同样一句话，从不同人嘴里说出来，具有不同的含义。"其实，同一句话，即使是从同一个人嘴里说出来，也可能因为音强、音调、音质的不同，面部表情有异，而带有不同的含义，给人以不同的感觉。因此，要在说话中全面表现友好，除了说话内容以外，还要控制声调、表情等因素；除了有声语言外，还要借助无声语言。

20世纪70年代，美国心理学家阿尔皮特曾经通过研究，给友好的谈话立了一个公式："谈话的友好＝7％的说话内容＋38％的声调＋55％的表情"。通过这一公式，我们可以看出谈话中的声调和表情的重要性。意大利著名的悲剧表演艺术家罗西有一次应邀为外宾表演，他在台上用意大利语念起一段台词，尽管外宾听不懂他念的是什么内容，却为他那满脸辛酸、凄凉和悲怆的语音、声调、表情所感染，大家禁不住泪如泉涌。当罗西表演结束后，翻译解释说，刚才罗西念的根本不是什么台词，而是大家面前桌子上的菜单！

使用幽默要根据具体情况酌情使用，对于长辈、女性、初次相识的人，幽默一定要慎用。使用幽默要注意度，一旦过了头，很可能会被对方误解为取笑与讥讽，造成双方关系的不良后果。幽默能表现说话者的风度、素养，使人在忍俊不禁之中，在轻松活泼的气氛中工作，提高工作效率。

运用"绵里藏针"式的幽默，温和机智巧反击

绵里藏针的幽默是一种温和、含蓄而又机智对待生活的态度，它采取"大智若愚"的形式，"理性"在于揭示了生活中常人不易发现的某种高层次的东西，是有知识有修养的表现，是一种高雅的风度。

在丘吉尔脱离保守党、加入自由党时，一位媚态十足的年轻妇人对他说："丘吉尔先生，你有两点我不喜欢。"

"哪两点？"

"你执行的新政策和你嘴上的胡须。"

"哎呀，真的，夫人，"丘吉尔彬彬有礼地回答道，"请不要在意，您没有机会接触到其中任何一点。"

在这里，丘吉尔便巧妙地运用幽默的语言艺术来摆脱尴尬的场面。尽管其外在形式是温和的，但这种温和之中蕴含着批判，使用了"绵里藏针"的技巧，让对方不免恼怒，却又不便发作，具有特殊的力量。

当然,绵里藏针的幽默使用最多的领域还是在正式场合,带有更多友善的味道。现在,人们对幽默的评价越来越高,就连工商界的企业家们,也知道利用绵里藏针的幽默力量来改变他们的原有的形象,改善公众对他们公司的看法。根据一个材料上说,美国300多家大公司的领导参加过一次有关幽默的调查。调查结果表明,90%以上的领导者认为幽默感在一定程度上能决定事业的成功。例如,克雷福特公司的总裁认为,对于主管领导来说,幽默感是十分重要的,他说:"它能表示领导者们具有活泼的,富于柔情的心理。这样的人不会把自己看得太重,也不会把别人看得太轻,能够做出比较合理正确的决策。"还有一家公司的总裁从创造和谐愉快的人际关系的角度来看待幽默说:"应当承认,幽默是基本的原则之一,如果你能做出使自己和别人都感到快活的事情,那么你就可能是一位好领导,或是一位好部下。"

在国外,幽默家奥尔本创办了幽默服务,他发现最近10年以来,他的客户发生了很大的变化,前来光顾的工商业户越来越多,改变了以前那种顾客以娱乐界和教育界为主的现象。而美国佛罗里达州一家大公司的业务主管将幽默列为职员必须具备的条件之一,尤其是那些直接接待客户的职员,更加需要幽默的力量。他建议在人事选择与安排方面要挑选那些具有幽默感的人。

某个大公司的一位部门经理,他每天总想的问题是:"部门内的人是否真正喜欢我?"一次,他从外面走进办公室,发现手下的职员们正聚在一起唱歌,可是一见到他,就立即匆匆忙忙奔向各自的办公桌。他没有大发脾气,也没有表示任何的不满意,只是说了一句:"看来你们唱歌的水平并不那么高。"这句话却产生了很好的效果。原来,这个经理过去总是板着面孔训人,批评别人总是"不许偷懒""工作时间不准娱乐"之类的话。这次他小幽默了一下，使别人了解他原来也有不为人知的说笑一面，同时他也了解到，只要自己能和众人一起欢笑，只要自己能把大家所需要的东西奉献出来，那么也一定能得到自己所需的东西，就能与大家建立良好的工作关系。

可见，现在有越来越多的企业界人士关注自己在众人眼中的形象。他们懂得，自己笑一笑，并争取让别人和自己一起笑。对这样的机会不能轻易放过，如果我们不懂得利用这些机会，那肯定会失败。在事业和工作上，幽默会产生出某种不可思议的力量，能促进他人了解和接受自己，从而有助于事业的成功。

"绵里藏针"式的幽默无论是对于赞扬与批评还是自嘲与揶揄，抑或是对敌人辛辣有力的反击，都可以起到意想不到的效果。幽默语言的魅力，正如特鲁·赫伯所说的："它是一种最有感染力，最具有普遍意义的传递艺术。"

在我们的周围，许多人在事业和工作的路途上，往往会遇到许多障碍。其中有一个障碍就是人们在心理上对新的工作感到难以适应。究其原因，很大程度上来自对人际关系的忧虑。但挑战和困难其实也是一种机会，要知道，获得成功是要付出代价的，其中一个代价就是应该把自己的某种能力和专长放在一边，在与他人的交往上多下功夫。

也许你是世界上最好的教师、职员、工人，但是让你当校长、经理或其他负责人的时候，你可能就会感到不胜任，从而陷入困境。因为处理众多的人事问题要比发挥个人的才能困难得多。作为领导，就更需要这方面的能力了。例如，你不仅自己要有献身精神，还要帮助大家解决困难，取得部下的信任和拥护。否则的话，你就会一事无成，所有这些挑战，你应该看作获得了某种机会。

如果学会绵里藏针的幽默，可以帮助你接受挑战，并且在实践中获得成功。绵里藏针的幽默能使你轻松对待挫折和失败，从而使得自己和众人沟通顺利、和谐。